日本語

ビジネスエリートが知っている

教養としての日本語

友田晶子

あさ出版

はじめに

❖一流企業や実業家が「日本酒」に注目している

今、国内外で日本酒に興味を持ち、知りたい、学びたいと考える人が増えています。それも一流と呼ばれる人たちが、です。

私が講師として日本酒の研修やセミナーを依頼される場も、ビジネスパーソン向けのものがここ数年で格段に増えました。

日本を代表する某上場企業では、海外向け超ハイエンド商品のみを扱うトップセールスパーソンのための研修を行っているのですが、ここ数年、日本酒について学ぶ講座が設けられています。顧客である富裕層の方々と会話をするうえで、顧客のレベルに合わせた非常に幅広い知識が要求されるため、二泊三日の濃密な営業研修では、自身が取り扱う商品知識のほか、スーツ、時計、靴、万年筆、ワイン、ウイスキー、そして日本酒の基礎が組み込まれているのです。

また別の上場企業では、ホールディングス内の社員交流を目的とした社内セミナーで、ワインとともに日本酒について学ぶ場を設けています。海外の方と接する機会も多いため、社員交流、社外との交流の場で日本酒に関する知識が役立つのだそうです。

ほかにも、外資系企業（世界中に支社を持つ大企業で、保険会社、証券会社、製薬会社などが多い）が日本で開催する大規模会議後の懇親会で、日本酒と和食のペアリング体験とセミナーを英語で行ってほしいという依頼も増えています。日本に出張しているのだから、本場で日本酒のことを知り、体感したいと望む海外のビジネスエリートが増えているからです。

さらには、海外でのセミナー依頼も急増しています。場所は、アメリカはロサンゼルス、ニューヨーク、アジアではシンガポール、中国の北京、上海、深圳《しんせん》、香港、そしてフランスのパリ、リヨン、ロシアの首都モスクワでも行いました。

セミナー以外でも、日本酒に関わる新しい動きが出てきています。

ソフトバンク株式会社は、「SoftBank Innovation Program」という新たな価値を創り出す取り組みを行っています。伝統産業である日本酒業界に、新たなテクノロジーの導入とグローバル化に向けて支援を行うというものです。

日本酒の蔵を買収して酒造りに参画し、スポンサードするなどといった取り組みをする活動も出てきています。その代表がホリエモンこと日本の実業家である堀江貴文さん。主催される「堀江貴文イノベーション大学校（ＨＩＵ）」で日本酒のプロジェクトを立ち上げました。堀江氏は「日本酒が世界に誇れる（ものである）にもかかわらず、非常に安いことに疑問を持った」「日本酒にはブランドビジネスが必要」と語ります。２０１７年に田植えから醸造までを一貫して行い、翌年には「純米大吟醸　想定内」「純米大吟醸　想定外」を発表。今後は熟成酒や梅酒にも力を入れるとのことです。

元サッカー日本代表選手の中田英寿さんも、日本の魅力発信を行う実業家に転身、日本酒を支える活動をしています。日本国内の蔵元を巡り、ネットワークをベースに「JAPAN CRAFT SAKE COMPANY」を設立し、日本酒をベースとしたビジネスを国際規模でダイナミックに繰り広げています。日本で最大級のＳＡＫＥフェスともいわれる「Craft Sake Festival」を六本木ヒルズや高輪ゲートウェイで開催したり、無料の日本酒検索アプリ「Ｓａｋｅｎｏｍｙ」を開発されたりと、未来を見すえて活動されています。

❀日本酒の輸出が好調

日本酒の海外人気は、日本酒の輸出量にも如実にあらわれています。

本文で詳しく紹介しますが、約１６９１の酒造メーカーが所属する日本酒造組合中央会は、2019（平成31／令和元）年の清酒輸出総額が約234億円（前年比5・3パーセント増）となり、10年連続過去最高を更新したと発表しました。2018年度までは金額に加え、数量も過去最高を更新しています。

なぜ今、海外で日本酒人気が高まっているのでしょうか。

まずは、2013（平成25）年に「和食」がユネスコ無形文化遺産に認定されたことが大きなきっかけとなっています。

世界中で和食店の出店が増加し、和食に触れる機会が増え、同時に和食と一緒に楽しむ日本酒に興味を持つ人たちが増えていったのです。

さらに日本酒の香味のバリエーションが増え、フルーティーで華やかなタイプやクセのない軽快なタイプが登場してきたことも、人気を後押ししています。実際、ここ数年で品質のいい日本酒を置く専門店が海外で増加。美食家の集まるパリ、世界のトップビジネスパーソンが集まるニューヨークや香港などといった都市にも続々進出。「十四代」「黒龍」「獺祭《だっさい》」「梵」など、外国の方々や富裕層にも刺さる高級ブランドの登場がワインマニアの心さえもわしづかみにしているのです。

日本酒を海外で造る動きも出ています。

「獺祭」を造る旭酒造は、世界最大の料理学校であるThe Culinary Institute of America大学（通称CIA大学）と提携し、ニューヨークに酒蔵を建設中で、国内外から注目が集まっていますし、「醸し人九平次」の萬乗醸造《ばんじょう》は、フランスの米どころカマルグで日本酒造りに邁進中です。

地元の人々、それも、農家や醸造家ではなくビジネスエリートが酒造りを始めるケースもあります。

ニューヨーク初の酒蔵「Brooklyn Kura」は、金融マンと科学者が日本酒好きが高じて自ら造り始めたものですし、ニュージーランド唯一の日本酒「全黒」を手がけるNEW ZEALAND SAKE BREWERS LIMITEDの代表者は元旅行会社経営の実業家です。フランス南部ペリュサンの酒蔵で日本の酒米と酒母《しゅぼ》を使って日本酒造りを行っているフランス人実業家もいます。

こうした世界の動きに呼応するように日本国政府も、「クールジャパン」「ビジット・ジャパン」といったスローガンを掲げ、インバウンド増加に注力した結果、日本で本当においしい日本酒を体験した外国の方々が増え、需要が伸び、いまだかつてない輸出数値をたたき出すことになったのです。

いまや日本酒は、世界へのビジネス拡大において非常に使えるツールとなっているといっても過言ではないのです。

◈日本酒を知ることで日本についても話せるようになる

私は現在、すべてのお酒を取り扱う「トータル飲料コンサルタント」として活動していますが、もともとはソムリエ、ワインコーディネーターとして、ワインに関する仕事をしていました。

すべてのお酒に思い入れを持つようになったのは、1988年、ワインの勉強でフランスにわたった時に受けたショックからです。

議論好きのフランス人たちから幾度となく日本酒をはじめとした日本文化のことを問われたのですが、まったくといっていいほど何も答えられず、恥ずかしい、苦々しい思いをしました。「他人の国の文化（ワイン）を語れても、自身の国の文化（日本酒）を語れない」。その悔しさから、帰国後、あわてて日本酒、そして日本文化の勉強を始めたのです。

日本酒は、日本の歴史と深い関わりがあります。

たとえば、神事や祭礼の際は、「神饌《しんせん》」（神様に献上する食事）として日本酒をお供えします。

これを「御神酒《おみき》」といい、神様に供える食事の中でも最上級のものとされています。

また日本酒は、焼酎とともに「國酒」とされ、海外のＶＩＰを招く外交晩餐会での乾杯酒となっています。

このように、日本酒について話をすると、自然と「日本」を語ることにもつながるのです。

日本酒を語れることは、より広く深い教養がある証しとなり、そこから会話がふくらみ、ひいてはビジネスチャンスにつながり、ネットワークが広がっていく。

このことに日本のエリートビジネスパーソンたちは気がつき、教養として身につけるべく日本酒について学び、さまざまなシーンで活用しているのです。

日本酒を学び、教養あるビジネスパーソンになろう

本書は、日本酒に関する正しい知識と教養を身につけたいと真剣に考える方に向けて、トレンドを含めた日本酒の基礎をわかりやすく説明し、海外を含むビジネスシーンで必須のマナーやルール、立ち居振る舞い、日本酒がある場の楽しみ方などをできるだけ現実に即した例を用いて紹介しています。

まずは、興味があるテーマからでも結構です。目を通してみてください。

日本酒が好きな方だけでなく、日本酒に興味がない方、お酒が飲めないという方にとっ

ても、日本酒は教養ある大人として知っておくべきことであり、今後ますますグローバル化するビジネスシーンで活躍するうえでビジネスパーソンとしてのたしなみと認識していただけることでしょう。

また、日本酒を造っている蔵元さんにも多数登場していただき、本書で語っていただきました。ぜひ、生の声を聴いてください。

日本の國酒、日本酒を知り、日本文化の教養の一端になるものとしてお読みいただければ幸いです。

２０２０年９月

友田晶子

第1章　ビジネスパーソンは知っておきたい日本酒の現状

第2章

日本酒の基礎知識 I

日本酒はどうやってできるのか

第3章

日本酒の基礎知識 Ⅱ

日本酒を選ぶ

第4章 知っていると一目置かれる日本酒の歴史

第5章

教養人の日本酒の楽しみ方

第6章

できる人と思われる日本酒のマナー&ルール

第1章

ビジネスパーソンは知っておきたい日本酒の現状

海外で広がり続けている日本酒需要

ここ10年、日本酒は、驚くべき勢いで世界の人々を魅了し続けています。

全国の蔵元が所属する日本酒の業界団体、日本酒造組合中央会は、２０１９年度の清酒輸出総額が約２３４億円（前年比５・３パーセント増）となり、10年連続で過去最高金額を更新したと発表しました（所属団体数１６９１。うち清酒は１４０５）。

その前年２０１８年度には、輸出量が過去最高を更新しています（２０１８年度と対比すると２０１９年度は数量ベースでは３・２パーセント減でしたが、海外トレンドが「量よりも質」を求めるタイミングに入ったという見方をしています）。

実際、海外のレストランでは和食、洋食問わず、ここ10年ぐらいの間に、ブランド価値のある日本酒ボトルを見かけることが非常に増えてきました。

２０１９年の日本酒輸出を国別・地域別に見ると、数量ベースの１位はアメリカ、２位に中国本土、３位に香港と続きます。

金額ベースでは、酒類の関税ゼロ政策をとり、年々日本酒輸入が増える香港が39億４３００万円。中国本土は50億１００万円、中国トータルで89億４４００万円となり、前年比

日本酒の輸出が好調

2019 年の清酒の輸出金額は約 234 億円（対前年 5.3%増）となり、
10年連続で過去最高を記録。輸出単価も上昇。

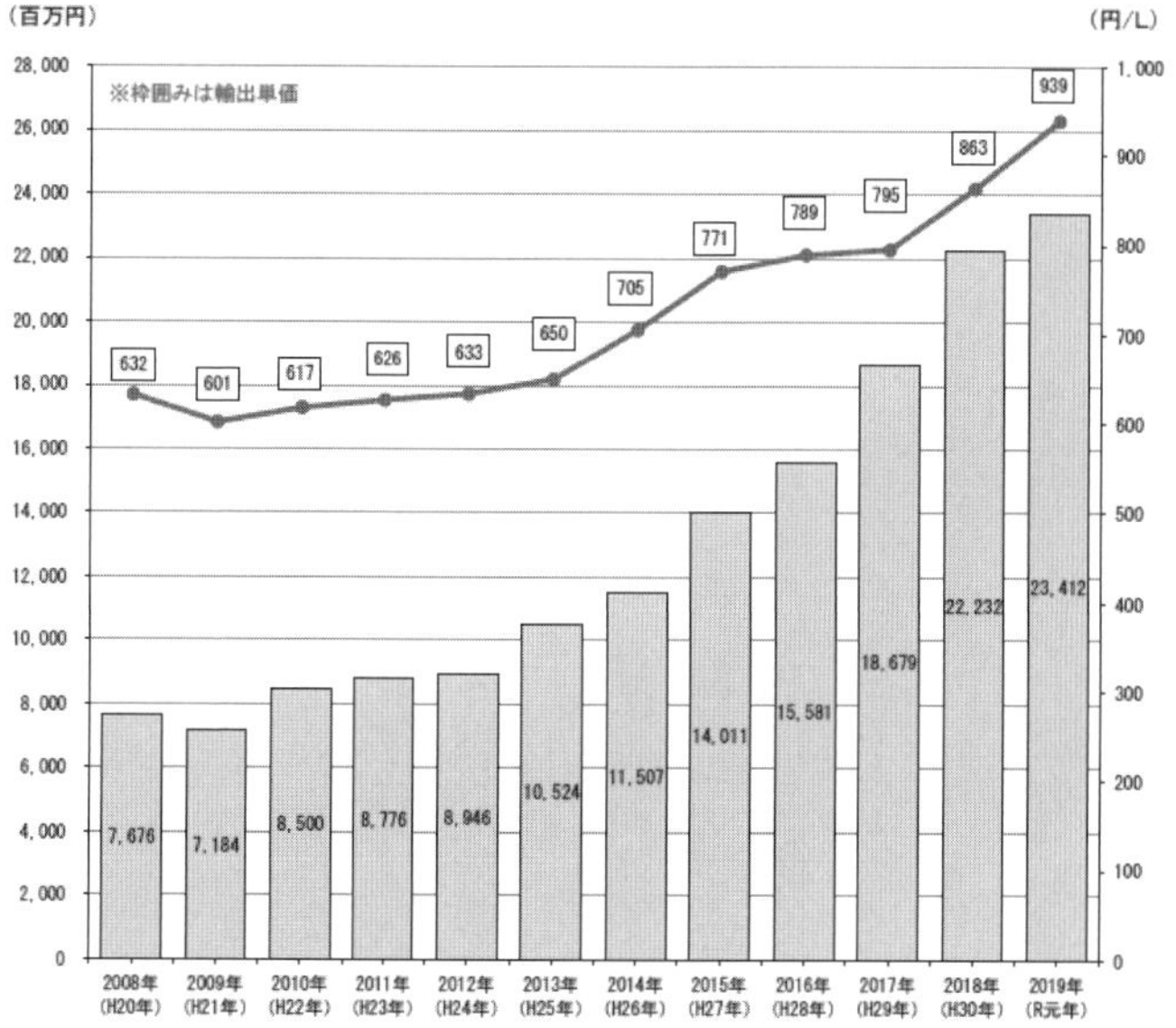

○輸出単価上位10か国・地域（2019年）（単位：百万円、円/L）

国・地域	輸出金額	単価
マカオ	156	3,940
香港	3,943	2,047
シンガポール	857	1,406
メキシコ	74	1,094
英国	373	1,059
フランス	285	1,055
アメリカ合衆国	6,757	1,047
中華人民共和国	5,001	972
マレーシア	242	955
オーストラリア	439	908
（参考）EU	1,421	702

（注）輸出金額上位20カ国・地域のうち、輸出単価上位10か国・地域

○輸出金額上位10か国・地域（2019年）（単位：百万円、%）

国・地域	輸出金額	対前年増減率
アメリカ合衆国	6,757	+ 7.0
中華人民共和国	5,001	+ 39.4
香港	3,943	+ 4.5
大韓民国	1,360	▲38.5
台湾	1,359	+ 0.6
シンガポール	857	+ 2.3
カナダ	548	+ 3.6
オーストラリア	439	▲1.6
ベトナム	376	▲14.5
英国	373	+ 15.2
（参考）EU	1,421	+ 6.5

出典　『酒のしおり（令和2年3月）』国税庁「40　最近の清酒の輸出動向について（出典　財務省貿易統計）」

39・4パーセント増にもなっています。

各国への輸出金額を10年前の2009年と比較しますと、アメリカで224パーセント、オーストラリアで454パーセント、香港で385パーセント、台湾で326パーセント、フランス420パーセント、イギリス205パーセント、そして驚くべき中国は2100パーセントの年対比です。中国では、酒宴にかかせないお酒であった高アルコールの「白酒《ばいちゅう》」の代わりに日本酒を楽しむ人々も増えているといいます。

きっかけは、2013年の「和食―日本人の伝統的な食文化」のユネスコ無形文化遺産に登録されたことです。

それまでは、現地駐在の日本の方々が、日本酒が恋しくて飲むといった消費がメインでしたが、和食が世界遺産になったことで、海外の方がこぞって和食とともに日本酒を食すようになり、高まりつつあった日本酒人気を一気に伸ばすことになったのです。

また、インバウンドの急増も日本酒の消費に拍車をかけています。

観光庁の「訪日外国人消費動向調査」では、ここ数年、「日本に来たらなにをしたいか」というアンケートでは、どの国の旅行者も1位から6位の間に「和食を食べたい」「日本のお酒を飲みたい」が入っています。

和食の本場、日本酒の本場で本物を体験したいとやって来て堪能した後、お土産として購入し、さらに自国でも購入するようになるため、輸出量は増え続けているのです。

海外で認められたことで国内での価値が変わった

海外での日本酒人気によって、日本酒を楽しむ文化が国内でも高まっています。いわゆる、逆輸入現象が見られるのです。

とくに海外の文化人との交流が多い方は、彼らの日本酒への興味、姿勢に少なからず刺激を受けているようです。「楽しむための日本酒」「日本の文化としての日本酒」を今、新たに知ろうという意識への変化です。

会食や接待の場で必要となるお酒の知識が、ワインから日本酒に少しずつ移行しているように感じます。

25年ほど講師を担当させていただいた東京銀座ロータリークラブの「ワインを楽しむ会」では、ワインのみならず日本酒を楽しむ、日本のお酒を新たに知るというテーマの回が設けられるようになりました。

また、ロータリークラブが提唱する「ローターアクトクラブ」（18歳から30歳までの青年男女がメインとなる奉仕クラブ）でも、日本酒を学びたいという若い人が増えていることから、日本酒セミナーを開催しています。

海外との交流が多いロータリークラブの方々は、「外国の方から日本酒について聞かれることが多い」とのこと。その際、どのように説明したらいいのかという疑問に直面しているようです。まさに、私がフランスにワイン留学をした30年前の悩みと同じです。

フランスなど、ワインの国の人たちに「ワインとは？」とたずねると、おそらく、「人間にとってもっとも深く長いつながりのある果物、ブドウを使ったお酒」であり、「地元に密着した農業の産物」であり、「日常の食事の友」だけど「文化的価値」があり、「国を代表するブランド」でもある、といった答えになるのではないでしょうか。

このブドウを米に変えれば、日本酒にもそのまま当てはまります。

「日本酒とは、瑞穂《みずほ》の国の米と水の酒」

これこそが日本酒の存在意義といえるでしょう。

日本酒について伝えるときに使える英語フレーズを、本書の巻末に掲載しています。よろしければご活用ください。

日本酒の楽しみ方が多様化している

近年、和食のみならず、世界各国の料理とともに日本酒を提供する飲食店が、国内外問わず増えています。

フランスの星付きフレンチレストランでは、アミューズ（食前の一口おつまみ）にはシャンパーニュを、牡蠣とサーモンの前菜には純米大吟醸を、メインの仔羊のロティにはボルドーの赤をそれぞれグラスで提供するといった具合に、ワインと日本酒を上手に融合させているのです。温かい料理に合わせてお燗を出すことさえあり、日本酒に対する熱心さやチャレンジ精神にはとても驚かされます。

「日本酒」を上手に楽しもうとするのは、シェフやソムリエなど、料理を提供する側だけではありません。

お客さま側も、自分たちで学び、工夫して、日本酒のある生活を楽しもうと知識の習得に励んでいます。

ここ数年、とくに女性や若い人たちが日本酒に興味を持ち始めています。

日本酒造組合中央会が、２０１６年から毎年、成人の日近辺に開催している20代対象の試飲イベント「&ＳＡＫＥ～二十歳からの日本酒」は、定員の１００名があっというまに埋まります。

また、「クールでかっこいい日本酒」を掲げた、おしゃれで元気のある日本酒イベント「和酒フェス」には「蔵元さんに会いたい」という日本酒ファンの若者や女性たちが毎回大勢詰めかけ、大変な盛り上がりを見せています。

全国各地で開催される日本酒イベントには、現地の人のみならず、日本中から日本酒ファンが集まります。若い人たち、とくに女性陣に囲まれた現地の蔵元さんの満面の笑みをSNSで見かけることが本当に増えました。

2020年には世界的な新型コロナウイルス感染拡大を受け、外食や会食、イベント開催がままならない状況の中、蔵元が参加するリモート飲み会やウェビナー（Webinar：ウェブ（Web）とセミナー（Seminar）を組み合わせた造語）が人気を博しています。YouTubeなどの動画サイトを活用して日本酒を学ぼうという人も増えています。

さらにこうしたお客さまのご要望におこたえするために、日本酒の知識を少しでも身につけておかなければならない、身につけておいたほうがビジネス的にお得であるからと、勉強を始めるサービススタッフの方も増えています。

とくに海外の場合、サービススタッフのお給料はチップ制なので、自身がおすすめした日本酒や料理などの売り上げがそのままお給料に反映します。販売のための知識を習得することは、生活に関わる重大事項なのです。

私は、ソムリエ兼日本酒唎酒師《ききざけし》兼トータル飲料コンサルタントとして、一般愛好家向けの日本酒セミナーや飲食店や酒販店などプロ向けの日本酒セミナーを１９９０年から行っていますが、近年は海外でのセミナー依頼も急増しており、アメリカ、中国、フランス、ロシアなどで行ってきました。

セミナーの内容は国内でも海外でも同じです。一般向けのセミナーでは、日本酒の基礎と楽しむためのコツを、和食やその土地の料理とともに数種類をテイスティングしながらお話しします。プロ向けのセミナーでは、販売に役立つ知識と売り上げ向上のための細かなコンテンツをテイスティングしながらお話しします。

レストランのソムリエやサービススタッフ、料理人の方々を対象にしたプロ向けセミナーでは、受講の証として「日本酒ナビゲーター」という資格を授与するのですが、参加者の真剣度合いは相当なものです。

ほかにも、日本酒について学べる場所は今どんどん増えています。

ワインを知る人は教養があると認識されるのと同じように、いまや日本酒を知る人は教養人だとみなされるようになりました。海外の文化人の間で、日本画や盆栽や日本庭園や禅や刀剣などの評価が高いことと同じです。

和食を理解できる人がアカデミックだと思われるのと同様、日本酒を知らないと恥ずかしいと思われ始めている、そのことは知っておきたいものです。

世界の料理人も取得を目指す日本酒の資格

日本酒について学ぶ中で、資格取得をして活用している人たちもいます。

日本酒に関する資格制度はいくつかありますが、2021年で30周年を迎える「日本酒唎酒師」（日本酒サービス研究会・酒匠研究会連合会〈SSI〉認定）は日本酒のソムリエとして知られる認定資格で、2020年7月現在、日本国内で認定者が3万5336人、海外で668人となりました。

2009年よりスタートした「国際唎酒師」は国内に848人、海外に3537人と急増しています。

上級資格であり講師としても認定される「日本酒学講師」は、2020年7月現在、国内外に490人、「国際日本酒講師」は国内外に160人です。

私は、同協会の発足準備室の時代からお手伝いと称して勉強をさせていただき、現在も講師として現場に立っているのですが、ここ数年の海外からの受講者の増加には目を見張るものがあります。

デンマークから来た20代の青年は、近い将来、地元で日本酒ＢＡＲをオープンすることを目標にしており、まずは日本酒の基礎を学びたいと来日。資格取得後には日本全国の蔵を巡る旅に出るとのことでした。

香港のホテルレストランでソムリエとして働く男性は、顧客から日本酒を飲みたいと要望を受けることが多いため、日本酒の勉強をしに来たといいます。資格を取った先の目標は「世界唎酒師コンクール」に出場すること。

また、日本酒の勉強をするために日本語を勉強したという方も多くいます。日本人でさえ難しい日本酒専門用語を理解し、難解な化学用語も使いこなす様には、本当に頭が下がります。

私も30年前、ワインを学ぶためにフランス語学校に通い、フランスでも大学の語学研修に行きました。しかし、食べることと飲むことに関する会話とワイン用語しか理解できないまま現在に至っています。

日本語を理解したうえで試験を受け、さらに蔵元に入ってお酒造りを体験して帰国する人もいます。彼らの存在のおかげで、世界中でＳＡＫＥの本当の姿が広まっていくのですから、日本酒の伝道師ともいえるでしょう。

海外で「日本酒唎酒師」の資格を持つサービススタッフに出会うと、ことのほかわかりやすく、自身の経験等を交えて上手に日本酒を選んでくれたりと、その対応に感動します。

ワイン界のノーベル賞といわれる最高資格「マスター・オブ・ワイン」への挑戦も可能なカリキュラムを保持している世界最大のワイン教育機関WSET（Wine & Spirit Education Trust）でも、近年は日本酒講座を開設しており、ネイティブで日本酒のセミナーができる人を世界中に増やしています。

先頃50周年を迎えた一般社団法人日本ソムリエ協会（J・S・A）は、2017年から独自の日本酒資格「SAKE DIPLOMA」認定を始めています。ワイン的な切り口で日本酒を見る、またより洗練されたワイン的な日本酒サービスが広がっていくことが期待されています。国際ソムリエ協会との連携を考えれば、これほど力強い日本酒応援組織はないでしょう。

日本酒が国際コンクールで大注目

日本においてもっとも古い日本酒コンクールは、1911（明治44）年から開催されている「全国新酒鑑評《かんぴょう》会」で、独立行政法人酒類総合研究所と日本酒造組合中央会の共催で行われています。

この鑑評会は、造り手の技を競うもので、優れた新酒には「金賞」が与えられ、造り手のモチベーションアップに役立ってきました。ただし、この鑑評会に出品されるのは、特別に造られた「出品酒」だけです。

街場で売られる市販のお酒を中心にコンペティションを行おうと始まったのが、2012年スタートの「SAKE COMPETITION」です。主催はSAKE COMPETITION実行委員会。元サッカー日本代表選手の中田英寿氏が実行委員長を務めており、国内最多の出品数を誇っています。

採点ポイントが明確なのは、2009年スタートの「全国燗酒コンテスト」。日本酒の本領発揮であるお燗のおいしさを競います。

2011年にスタートした「ワイングラスでおいしい日本酒アワード」は、文字通りワイングラスで日本酒を審査します。いかに香り豊かな日本酒が市場に増えたかを感じさせるものです。

国外での日本酒コンクールは、2001年から始まった「全米日本酒歓評会」(U.S. National Sake Appraisal)がもっとも古いもので、アメリカ人に日本酒をPRすることを目的に行われています。独立行政法人酒類総合研究所による指導で、全米日本酒歓評会実行委員会事務局が運営しています。また出品された銘柄は、東京他で行われる一般公開の唎酒イベント「ジョイ・オブ・サケ」で試飲ができ、毎回数千人もの参加者が詰めかけます。２００１年にホノルルで幕を開けたイベントは、日本以外で開かれる日本酒イベントとしては最大規模になります。

世界でもっとも大きな影響力のあるワインのコンテストはロンドンで行われる「インターナショナル・ワイン・チャレンジ（ＩＷＣ）」で、２００７年から「ＳＡＫＥ部門」が新設され、外国の方々の味覚に沿う日本酒が選ばれており、海外進出における重要なイベントとなっています。

また、開催は日本ですが、審査員はマスター・オブ・ワインなどの外国のワインのプロが務める「International SAKE Challenge（ＩＳＣ）」も２０１３年から行われています。

ワイン大国フランスでも、フランス人による、フランス人のための、フランスの地で行う日本酒コンテスト「ＫＵＲＡ　ＭＡＳＴＥＲ」が２０１７年から始まりました。審査委員長は、パリ、ホテル・クリヨンのシェフソムリエ、グザビエ・チュイザ氏。私の古い友人たちもスタッフとして参加し、フランスにおける日本酒の地位向上に尽力しています。

イタリアでも、同じく２０１７年から世界最大級のワイン展示会「Vinitaly（ヴィニタリー）」のワインコンペティション「５ ＳＴＡＲ Ｗｉｎｅｓ」において、日本酒部門が新設されました。タイトルは「5 STAR Sake」。

2018年からは、ベルギー連邦政府経済省後援の国際的なワイン品評会「ブリュッセル国際コンクール（CMB）」でも日本酒部門が新設されています。

アジアでも、2018年に中国で初めて「アジア国際美酒コンテスト in China ～SAKE-China 日本酒品評会～」が開催されています。一般の中国人が日本酒の評価を行うというもので、日本政府と中国政府の食品関連団体が支援しています。日本酒の輸入が多い中国のコンテストだけに、期待が高まります。

それぞれのコンテストでどんな日本酒が注目され、評価されているかを押さえておけば、それぞれの地域での会食がある際、参考になることでしょう。

世界初！　女性ワイン専門家が審査する日本酒コンクール

ここで、世界の女性ワイン専門家が審査するユニークな国際コンクールをご紹介しましょう。毎年フランスで開催される「フェミナリーズ世界ワインコンクール」です。

フランスではTOP5に入る知名度の高い大型コンペティションで、主催はフランスワインのメッカ、ブルゴーニュで30年にわたりブルゴーニュワインのコンペティションを開催してきたコンクールのプロフェッショナル、ディディエ・マルタン氏率いるフェミナリーズ・フランス本部。

ワインが女性の影響力を受けやすい商材であることに着目し、審査員に、女性ソムリエ、女性ワイン醸造家、女性ワインジャーナリスト、女性インポーター、女性シェフなど女性のワイン専門家を起用するというユニークな発想が注目されています。

スタートは2007年。毎年、世界から約4500アイテムのワインが出品されます。

私は、2016年より「フェミナリーズ世界ワインコンクール日本広報大使」として日本人女性審査員の斡旋、2017年より女性審査員とともに日本ワインの出品をお手伝いしています。

うれしいことに2020年大会より「日本酒部門」が新設され、「純米大吟醸」「純米吟醸」「純米酒」「熟成酒」「スパークリング酒」の5部門で審査が行われるようになりました。9月には表彰式も行われ、メディアで紹介されるなど、盛り上がりました。

このように日本酒を取り巻く世界の環境はどんどん変化しています。

日本国内では、高級日本酒の消費が伸び、海外では和食人気とともに日本酒の輸出が絶好調。海外の高級レストランでは、四合瓶一本が15万円もするブランド日本酒が売れています。日本酒を学べる協会や団体も世界中に増え、日本人以外でも世界各国で日本酒の知識を持つ人が増えています。日本酒をサービスできるソムリエが活躍し、世界の主要都市で日本酒コンクールが華々しく開催されています。

ただ酔うためのお酒ではなく、文化としてのお酒、瑞穂の国の米と水から生まれるお酒、日本が誇るべき日本のお酒という意識を今一度感じていただきたく思っています。

だからこそ今、読者の皆さまには、ヨーロッパにはワインというアルコールの文化が根づいているように、日本酒は日本の文化であることを今一度知ってもらいたいと願います。

世界中で、お酒は民族のコミュニケーションをつかさどるものとして、歴史に深く刻まれています。しかし、日本酒はそうなってはいない、日本の文化には、残念ながらまだまだなってはいないと感じるそうです。

また、日本酒は、注ぎあったり、差しつ差されつするもので、おもてなしの度合いが高い飲みものです。それは外国人にとってはとても友好的に思える行為であり、日本にとっても自身の文化を認識し合うきっかけにつながります、と続けられます。

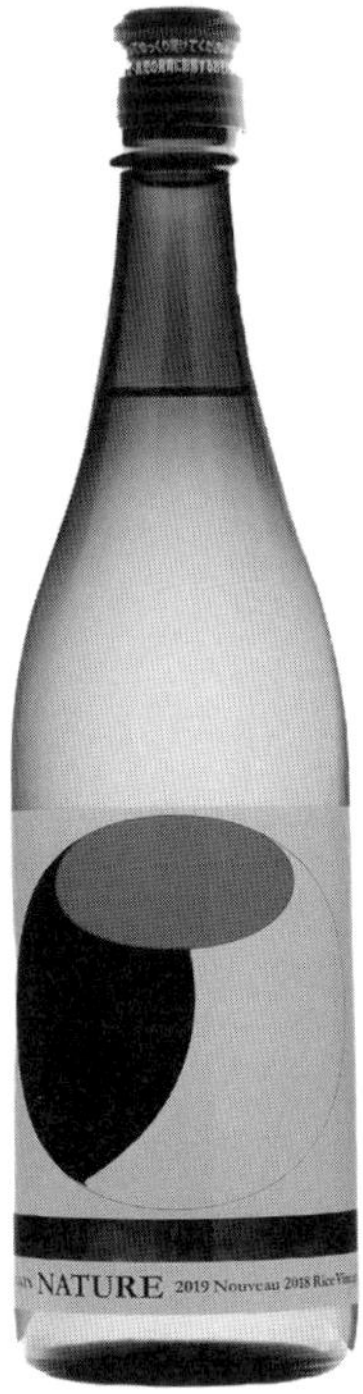

仙禽
オーガニック　ナチュール
栃木県さくら市産のオーガニック米「亀ノ尾」を使用し、酵母無添加（天然蔵付き酵母）で古式の生酛仕込みを忠実に再現した完全無添加の超自然派日本酒

一樹さんは日本酒唎酒師の講習会で専任講師もされていますが、受講生に必ず伝えていることがあるといいます。それは、日本酒が世界のアルコール飲料の中で原料コストがとても高いのに価格がさほど高くないこと、第一次産業の農業と密接に関係していることだそうです。

歴史もまた重要だとおっしゃいます。明治時代に新設された国立醸造試験所によって、科学をもって日本酒を研究するようになったことから、ようやく日本酒の品質はよくなった。しかし、失ったものも大きく、今、国家歳入に占める酒

37 ページにつづく→

コラム
蔵元1

株式会社せんきん

名称	株式会社せんきん
所在地	〒329-1321 栃木県さくら市馬場 106
TEL	028-681-0011
創業	文化3年（1806年）
ウェブサイト	http://senkin.co.jp/
代表のお酒	仙禽　オーガニック　ナチュール

栃木県さくら市にある株式会社せんきん専務取締役薄井一樹さんは十一代目蔵元です。弟の常務取締役兼杜氏《とうじ》の真人さんとともに、地元で愛される「仙禽《せんきん》」を、今や日本酒トレンド真っただ中の超人気ブランド酒に仕上げました。それはもともとソムリエとして働いていた一樹さんの感性から生み出された、日本酒のドメーヌ化、テロワール重視の地酒造りに端を発します。

国内だけではありません。「今や日本酒が世界で飲まれています。仙禽は、現在、北米、香港、台湾、ベトナムなど13カ国と貿易しています」と一樹さん。商談で現地へ行きいろいろやりとりする中で、日本酒と日本料理の両輪がうまくかみあいはじめてやっと、世界で日本文化を大切に受け入れてもらえるようになったと感じます、とおっしゃいます。「日本酒の世界進出にはとにかく時間がかかりましたが、ここ数年の和食ブームのおかげです。日本酒は世界基準に近づいていると感じます」と力強い言葉が出ます。

コラム 蔵元2

新政酒造株式会社

名称	新政酒造株式会社
所在地	〒010-0921 秋田県秋田市大町 6-2-35
TEL	018-823-6407
創業	嘉永5年（1852年）
ウェブサイト	http://www.aramasa.jp/
代表のお酒	No.6　ナンバーシックス

秋田の銘酒「新政」は、地元を始め全国の地酒ファンから長く愛され続けるロングセラーです。八代目となった佐藤祐輔さんは、ジャーナリストとしての経験や自身が今までの日本酒の味わいに興味を持てなかったことなどから、実にドラスティックな改革を行いました。なかでも、全量を「生酛造り」で、醸造アルコール無添加の「純米」にしたことは、長年の愛好家や取引先への影響が大きかったようです。

また、酒税法上で表示義務がない酒質矯正剤や発酵補助剤、酵素剤やミネラル類などの添加物については、いっさい使用しないと表明しました。日本酒製造業界でそれを公表した蔵はなかったと記憶します。このことは、業界に激震を与えるものとなりました。

さまざまな風を受けながらもぶれることなく、佐藤さんは、嘉永5年から続く蔵の伝統と歴史を引き継いだのですが、これらあらたな試みは、新しいファンを増やす一助となりました。今や日本酒の存在価値を大きく変えた業界人のお一人と、

39ページにつづく→

株式会社せんきん
薄井一樹専務取締役

税は1.2パーセントですが、明治時代には40パーセント近くありました。それだけ日本酒が飲まれていたこと、さらに、戦時下は品質が落ち、国策のためにお金を生み出す飲みものとして、大量生産に走ったことなど、日本酒がいかに日本の歴史とともにあったかも、伝えます。

近年は、フルーティーな香りを出す酵母の開発が進んで、女性のお酒好きが増えていることから、やはり、香りの成分の変化は日本酒業界にとってとても有用だったことなども講義されるそうです。単なる知識とは違う、深い勉強ができそうですね。

アカデミックな日本酒のお話が続く一樹さんですが、実は、お酒のうんちくをあれこれ語ることは好きではないといいます。読者の皆さまには、とにかく「日本酒は米からできている」ことだけでも知ってほしいと希望されます。また、料理とお酒の組み合わせにご興味をお持ちの方には、「Sakenomy」というアプリも出ているのでぜひ使ってみてほしいとつけ加えました。せんきんのお酒造りは「生酛造り」や「木桶仕込み」など、まさに江戸時代に戻っているように見えますが、販売のツールやＰＲは最先端の技術をうまく利用されています。これがもっとも新しい蔵元の姿ではないかと、とても眩しく感じました。

日本酒は「米」からできており、手をかけないとできない飲みものであること、そして、お酒はハレの日のもの、神さまとつながる役目をもっていたという歴史も知ってほしいとおっしゃいます。

戦時中であっても、お酒は手造りであるため非常に高価で貴重な飲みものだったこと、戦後はいろいろ添加するものができたことで、家庭やお店で「ふだん飲み」できるお酒ができたことなど、日本酒の知識の一つとして記憶してほしいと話されます。

新政酒造代表取締役社長
八代目当主　佐藤祐輔さん
撮影：船橋陽馬 (根子写真館)

お酒はその土地の地域性と密接に関係しているので、たとえば、その地方でとれる魚のお刺身など、まず、その産地の食べものをイメージして、それに合わせてお酒を選ぶといったやり方がいいのではとアドバイスしてくださいます。秋田はおいしいものがたくさんありますから想像が膨らみますね。

日本酒はなんといっても、食べものと合わせて飲むことが一番。さらに、酒器の面白さもあると佐藤さん。コロナ禍の家飲みであっても、料理との組み合わせ、酒器との組み合わせ、土地の文化や風土などあれこれ思いをめぐらし、それを探求しながら手造りのお酒を楽しむことができますし、それこそが真の教養を深めてくれるきっかけになるのではないでしょうかと、添えてくださいました。

No.6　ナンバーシックス
新政の唯一の定番生酒。
6号酵母を使用

誰もが認める存在となっています。

「10年前ぐらいから変化が起き始め、まさに世代交代に。日本酒は年配の方の飲みものから20代、30代に、さらには酔うためのお酒から、おいしい、楽しむお酒になった」と感じるそうです。

こうした変化も、佐藤さんのような業界内新世代で、同じく他業種での経験を持つ、新しい哲学を持った経営者が増えてきたからにちがいありません。

さらに、地元のお酒で地域活性を行うことができるのは日本酒だからこそ。そのことを知ってほしいとおっしゃいます。自分の国に対する知識を深めることにもつながると。

日本酒が今、海外、とくに香港や台湾から非常に高く評価されていますが、これは文化として近いことや日本に対しての興味と比例してのこと。とくに台湾はもともと日本酒を造っていたという歴史も影響して、熱心なファンが多いことを教えてくださいます。

新政は、輸出はほとんどやっていないためか、残念ながら、海外では高値転売のブローカー価格で出回ってしまっているとのこと。ほとんど輸出をしていなくとも海外からの注目度が高いというのは興味深いですし、海外の日本酒マニアの情報力や愛好家心理には驚かされます。でも、飲み手としては、ちょっぴり鼻が高い思いも正直ありますよね。

蔵では英語対応もしていて、月に4～5人の方が海外から訪れ、勉強されるそうです。海外で広めてくださる方もいて、ありがたいことだとおっしゃっていました。

第2章

日本酒の基礎知識 I

日本酒はどうやってできるのか

日本酒とは

「日本酒」という名前、普段なにげなく使っていますが、改めて考えてみると、すごい名前だと思いませんか。

どこの国を見ても、フランス酒、アメリカ酒、中国酒（総称としてなくはありませんが）、ロシア酒、インド酒、チリ酒など、国名をそのままつけたお酒は存在しません。

それだけ日本にとって大切な存在であるということなのでしょう。

ではこの「日本酒」とはどういうものなのか、その定義を見ていきます。

日本のお酒は、日本の法律「酒税法」で次ページのように定められています。「酒税法」は、国税庁が管理する、酒税の賦課徴収《ふかちょうしゅう》と酒類の製造及び販売業免許などについて定めたものです。

酒税法では「日本酒」ではなく、「清酒」と呼ばれます。

「清酒」はアルコールが22度（パーセント）未満の米と米麹と水を使用し、発酵させてこしたものです。（酒税法三条七号）ちなみに、こさないものを「どぶろく」といいます。

一度こせば、「清酒」となります。こす際の「きめの大きさ」に関しては決められてい

酒税法における酒類の分類および定義

酒類（アルコール分1度以上の飲料 ※1）	分類	品目
酒類	発泡性酒類	ビール、発泡酒、その他の発泡性酒類（ビールおよび発泡酒以外の酒類のうちアルコール分が 10 度未満で発泡性を有するもの）
酒類	醸造酒類 ※2	清酒、果実酒、その他の醸造酒
酒類	蒸留酒類 ※2	連続式蒸留焼酎、単式蒸留焼酎、ウイスキー、ブランデー、原料用アルコール、スピリッツ
酒類	混成酒類 ※2	合成清酒、みりん、甘味果実酒、リキュール、粉末酒、雑酒

※1　酒税法第二条
※2　その他の発泡性酒類に該当するものは除かれます。

（出典）　国税庁 HP

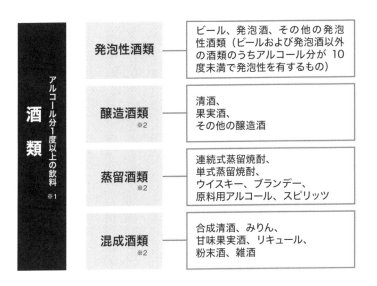

ないので、ドロリとした濁り清酒もあれば、さらりとした濁り清酒も、すっきり透明の清酒もあります。

また、「その他政令で定める物品を原料として」造ることが認められています。「物品」とは、麦やあわ、トウモロコシなどの穀物、ブドウ糖や水あめ、アミノ酸塩など、うま味のもとになるもの、醸造アルコール、焼酎、清酒を指します。これら副原料を、お米、米こうじの重量を超えない範囲で使用を認められているものを「普通酒」といいます。一般に日本酒としてもっとも多く流通しているのは、この「普通酒」です。

どんな原料を使っているかは、日本酒のラベルに表記されていますので、確認するといいでしょう。

地酒と國酒、SAKE

日本酒には、「地酒」という呼び名もあります。

明確な定義はありませんが、兵庫の灘や京都の伏見などにある大手メーカーが造る国内外を含め広く流通するお酒ではなく、全国各地、各地方に根づき、地元の人に愛飲されている中小のメーカーのお酒を指すことが多いようです。

（参考）酒税法における清酒の定義

【酒税法第3条第7号】
次に掲げる酒類でアルコール分が二十二度未満のものをいう。
- イ　米、米こうじ及び水を原料として発酵させて、こしたもの
- ロ　米、米こうじ、水及び清酒かすその他政令で定める物品を原料として発酵させて、こしたもの（その原料中当該政令で定める物品の重量の合計が米（こうじ米を含む。）の重量の百分の五十を超えないものに限る。）
- ハ　清酒に清酒かすを加えて、こしたもの

（参考）酒税法における清酒の原料

【酒税法施行令　（昭和三十七年政令第九十七号）】
第二条
法第三条第三号ロに規定する清酒の原料として政令で定める物品は、次に掲げるものとする。ただし、第二号に掲げる物品については、米、水及び米こうじとともに清酒の原料とする場合に限る。
- 一　麦、あわ、とうもろこし、こうりゃん、きび、ひえ若しくはでんぷん又はこれらのこうじ
- 二　アルコール（法第三条第五号の規定（アルコール分に関する規定を除く。）に該当する酒類（水以外の物品を加えたものを除く。）でアルコール分が三十六度以上四十五度以下のものを含む。以下同じ。）、しょうちゅう（水以外の物品を加えたものを除く。第五十条第三項及び第四項並びに第五十六条第二項第一号及び第三項を除き、以下同じ。）ぶどう　糖、水あめ、有機酸、アミノ酸塩又は清酒

（参考）国税庁サイト「酒税法における「清酒」の定義」2020年9月時点

常に大量に安定供給できる大手の銘柄とは違い、生産量が少なく、全国流通ができず手に入りにくいことから、「幻の名酒」などと呼ばれるものもあります。

その土地ならではの個性ある味わいが地酒の魅力といえるでしょう（詳細は後述します）。

最近は「國酒」という呼び方も聞くようになりました。文字通り、日本国のお酒なので「國酒」です（國酒には、焼酎も含まれます）。

また、外国の方々の需要も増えたこともあり、「SAKE」という表記も増えてきました。「サキ」と発音されることが多いようですが、シンプルでわかりやすいですね。

日本酒は、地域ごとに味わいの特徴も違ってきます。特徴をまとめたのが、巻頭の日本地図です。参考にしてください。

GI日本酒とSAKE

「シャンパーニュ」「ボルドー」「スコッチ」「テキーラ」など、特定の地域名がお酒の呼称として使用されていることをご存じの方も多いでしょう。

これは地理的表示（GI／Geographical Indication）といい、その産地固有の地理的条件と、規定の製法や品質基準などを満たすことで指定されるもので、酒類や農産物などの品質やブランドを守る制度です。

日本において最初にGI表記が認定されたのは、焼酎でした(世界貿易機関(WTO)、「知的所有権の貿易関連の側面に関する協定(TRIPS協定)」にて認定)。1995(平成7)年に「壱岐《いき》焼酎(麦)」、「球磨《くま》焼酎(米)」、「琉球泡盛」の3地域が同時に認定されたのです。

日本酒(清酒)は、2005(平成17)年に「薩摩焼酎(芋)」と同時に、「白山」(石川県白山市)が初めて認定されました。2013(平成25)年に「山梨」のワイン、2016(平成28)年に山形県が県レベルとしては初めて「山形」として認定されます。2018(平成30)年には「北海道」のワインと「灘五郷《なだごごう》」(兵庫県神戸市)が、2020(令和2)年3月に兵庫県南西部播磨地方の「はりま」、6月に三重県が「三重」として認定されました。ちなみに、同年9月には「和歌山梅酒」が梅酒として初めて認定されました。

「GI日本酒」が認定されたことで、原料のお米は国内産のみ、かつ、日本国内で製造された清酒のみが「日本酒」を独占的に名乗ることができるようになりました。

國酒であるにもかかわらず、今までそういう決まりがなかったことに少々驚きますが、これによって、外国産のお米を使用した清酒や日本以外で製造された清酒が国内市場に流通したとしても、「日本酒」とは表示できないため、消費者にとって区別がしやすくなります。

さらに海外に対して、「日本酒」が高品質で信頼できる日本の酒類であることをPRでき、ひいては、国内外の「日本酒」ブランドの価値向上にもつながります。

最近は日本以外の場所で、日本産以外のお米から造る「SAKE」が増えています。「GI日本酒」とは違った個性や面白みを持つ「SAKE」は、今後、ますます増えてくることでしょう。

日本酒の原料はとてもシンプル

日本酒を選ぶうえでかかせない判断材料が、日本酒の原料です。

日本酒の基本的な原料は、お米、水、米麹（米こうじ）です。

酒税法では、清酒の原料として、麦やトウモロコシ、うま味調味料などを使用してもよいとされていますが（45ページ参照）、本書では、基本となる原料「米」「水」「米麹」と、「酵母」「乳酸菌」などの微生物、そして「醸造アルコール」も、実は日本酒選びにかかせないファクターです。これらは知っておきましょう。

酒類の地理的表示の指定状況(2020年3月時点)

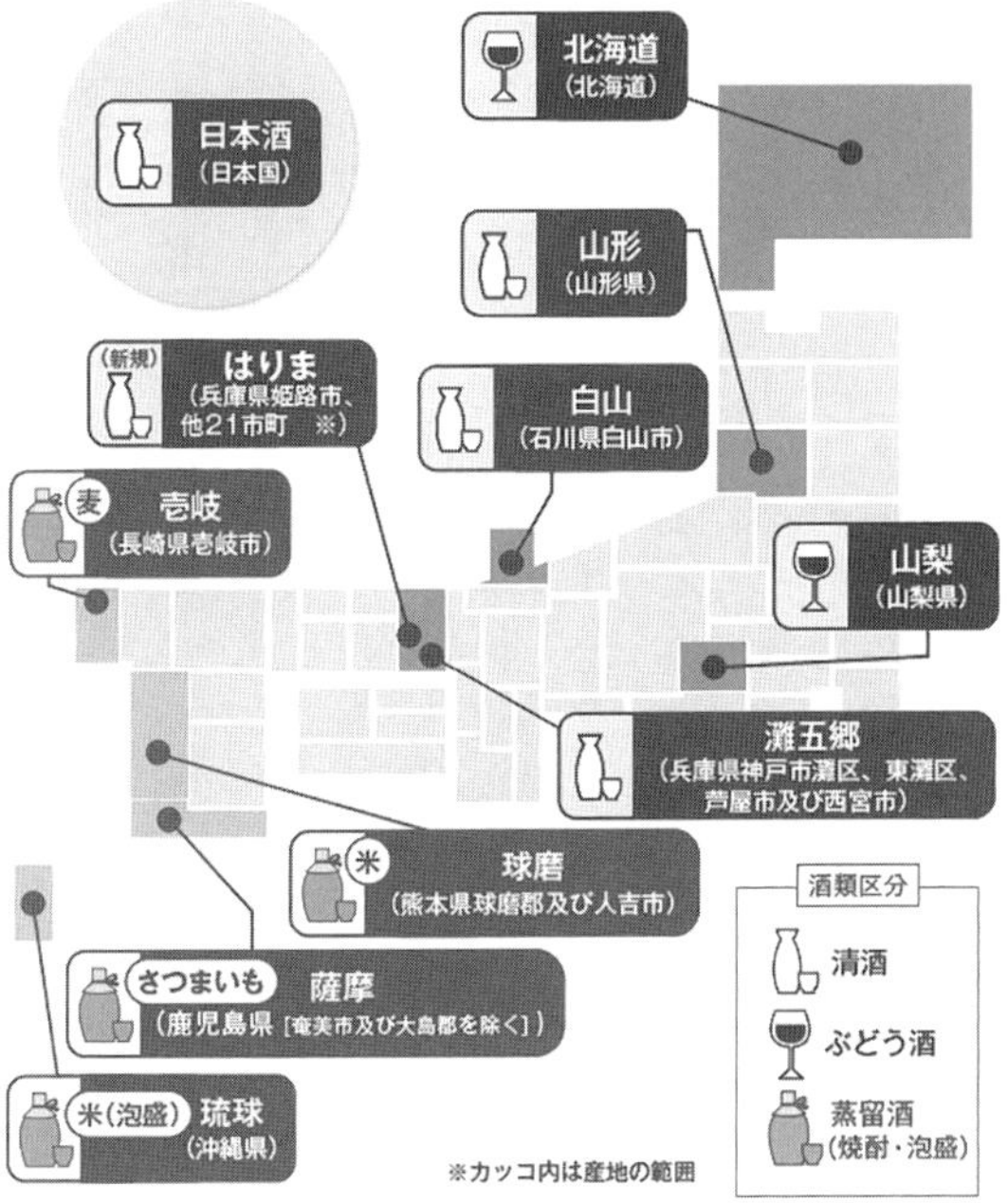

地理的表示例

GI YAMAGATA GEOGRAPHICAL INDICATION

GI HAKUSAN Geographical Indication

GI 灘五郷 NADAGOGO GEOGRAPHICAL INDICATION

出典:「お酒の地理的表示(GI)を知っていますか?(2020 年 3 月版)」国税庁

日本酒のためにつくられる「米」がある

日本酒の基本的な原料である「米」は、私たちが日常、ごはんとして食べる「米」とは区別され、「酒造用米」と呼ばれます。

日本で栽培される米のうち、「酒造用米」はわずか5パーセント程度です。さらにいくつかの条件をクリアした米を「酒造好適米」といいます（51ページ参照）。「酒造好適米」の生産量は、「酒造用米」全体のわずか1パーセント程度しかありません。

「酒造好適米」の栽培は、決して楽ではありません。

良質の酒米にするには、病気や害虫対策として日当たりを考慮したり、風通しをよくしたりする必要があり、苗の間隔を通常の米の2倍ほど取ります。そのため、面積あたりの収穫量が限られます。

酒米のなかには、150センチメートル以上の背丈に成長する種もあり、収穫時の作業は重労働です。また、台風時に倒れないよう対策をするなど、大変手間がかかります。あまりに手間がかかるため、人気の「酒造好適米」が絶滅の危機に瀕したこともあるほどです。

酒造好適米の条件

1 大粒であること

千粒重 25 ～ 30g。

千粒重《せんりゅうじゅう》とは米 1000 粒単位の重量値

2 心白があること

米粒の中心にある白色不透明な部分のこと。
デンプンが少ないうえにすきまがあるので、
麹菌が繁殖しやすい

3 タンパク質・脂肪が少ないこと

香味成分の生成に関与する

4 吸収率がよいこと

洗米・浸漬時に水の吸収はもっとも重要

5 外硬内軟性《がいこうなんなん》に富むこと

外側が硬く、内側がやわらかい状態で
麹が繁殖しやすい　※72 ページ参照

育成に非常に手間とコストがかかるうえに収穫量も限定されることから、値段も高めです。最高級のお米になると、1キロあたり500円~600円。一般的に、ごはんとして食べるお米は1キロあたり300円ほどですから、倍近い値段です。世界中、こんなに高い原料を使って造るお酒は存在しません。

ちなみに、一升瓶（1800ミリリットル）一本のお酒を造るのに、お米が1キロ必要です。つまり、原料代が約600円。大吟醸の場合、米を50パーセント以下に削ってから使うため（詳細は後述します）、2キロは必要になりますから、一升瓶の原料代だけでも1200円超。これに、瓶代、ラベル代、そのほか原料代、人件費などを反映して値段を設定します。

ところが、日本酒一升瓶の市場価格は2000円から3000円が相場です。なかには1000円台のもの、1000円を切るものまであります。

一本数万円、なかには100万円超という値段のワインやウイスキーなどに比べて、日本酒はかなり安価です。昔から人々の生活とともにあったことからも、安くしないと楽しめないといけないという考えがどこかにあるのでしょう。しかし、それでは日本酒の発展はありません。

実際、そう感じている日本酒メーカーさんもおられ、最近では、厳選された、またはオリジナルの「酒造好適米」を使用し、高度な伝統技術と最新技術、哲学と情熱をブランド価値とした高級日本酒が少しずつ出てきています。

「酒造好適米」は、現在、100種近くが栽培されています。

ここ数年、地域振興にも結びつくことから、各県の農業試験場がさまざまな独自品種米の開発に力を入れています。「その土地の個性が生きたブドウを使ってこそ価値がある」というワイン造りの考え方に似てきたように感じます。

品種によってどのような香味の日本酒になるのかを知っておきたいものです。55ページに、とくに人気の「酒造好適米」4種の味わいのポイントをまとめています。

1の山田錦と2の五百万石の2品種だけで、酒米全体の作付面積のうち60パーセント以上を占めており、いかにこの2種に人気があるかおわかりいただけるでしょう。

米の品種によって香味に違いはあるものの、実は、できあがったお酒には、品種による違いがあらわれにくいのです。

同じ醸造酒であるワインは、シャルドネやソーヴィニヨン・ブラン、ピノ・ノワール、カベルネ・ソーヴィニヨンなど、原料となるブドウの品種の個性がワインの味わいに反映され、はっきりと違いを認識でき、それが、ワインの楽しみとなります。

しかし日本酒は、55ページの表のようにお米によって多少の違いはあるものの、それ以上に、水や米麹、酵母、醸造方法などの影響が大きく出るため、山田錦だからこう、五百万石だからこう、などと味についての違いは言い切るのがむずかしいのです。

たとえ、一つのメーカーで、ほかのスペックをまったく同じにして、米の品種だけを変えてお酒を造り、飲み比べしたとしても、きわめて明確に米の違いを堪能・判断できるかというとそうではないのです。「山田錦と五百万石の違いがわかるという奴はうそつきだ」とまでいい切るメーカーさんもいるほどです。

また最近は、酒米としての評価は高くなくても、地元産のお米と水で造ったお酒を、世界中の人々に飲んでもらいたいという造り手も増えてきています。日本酒の種類が多様化している現在、お米に関しては品種のブランドよりも、わずかでも、その土地の個性やストーリーを感じられるものが必要になってきていることは否めません。

日本酒の味を決めるのは「水」

日本酒の基本的な原料、続いては「水」です。

昔から「名水あるところに名酒あり」といわれますが、酒どころと呼ばれる地域は、た

とくに人気の酒造好適米4種

1 山田錦《やまだにしき》

おもに兵庫産が優秀とされます。とくに心白《しんぱく》（良質な酒造好適米に見られる、米の中心部の、きめの粗い部分で、白っぽく見える）が大きく、大吟醸用に人気。栽培方法は困難であるものの、酒造りはしやすい。味わいは、骨格がしっかりとした男性的で、バランスがとれている。作付面積は、約33パーセントのシェアを持ち、全国の作付面積数は約5000ヘクタール、生産量２万9812トンと全国トップです。

2 五百万石《ごひゃくまんごく》

おもに北陸地方で多く栽培されます。心白があり良質です。味わいは、なめらかでやわらかくてやさしく、女性的です。シェアは 25 パーセント。生産量は2万2596トンと全国2位。

3 美山錦《みやまにしき》

耐冷性があり、長野県や東北地方など冷涼な産地で多く栽培されます。長野の美しい山の頂のような心白があることからこの名前に。味わいは、スマートで、すっきりと軽快。シェアは9パーセントほど。生産量は7786トンで全国3位。

4 雄町《おまち》

おもに岡山県雄町（現在の岡山市中区）で産する酒米です。大正 11 年に品種登録された、酒造好適米のなかでも古い品種です。味わいは、ふくらみと厚みがあり、力強い個性があることから「雄町ファン」も多いです。シェアは2パーセントほど。生産量は2312トンで全国4位。

その他、出羽燦々《でわさんさん》（山形）、秋田酒こまち（秋田）、ひとごこち（長野・栃木・山梨）、吟風《ぎんぷう》（北海道）、八反錦（広島）、越淡麗《こしたんれい》（新潟）などが知られる。

※山田錦と五百万石の２品種で酒米の作付面積の60パーセント以上を占めます。

いてい水に恵まれています。

清らかな水が潤沢にあるからこそ、日本酒が生まれたといっても過言ではありません。

米はいい産地から購入することが可能でも、水源は動かすことができません。全国各地の蔵元が水源に近い場所に位置しているのはそのためです。水源は、「井戸水」「河川・湖沼・池」「水道水」など、幅広く使用されています。

日本酒は、水がおいしい日本だからできるものなのです。

お酒は80パーセントが水分でできています。お酒の味は水の味といってもいいほどです。

また、酒づくりには良質な水をかなりの量を使います。お米と米こうじに足してお酒そのものになる「仕込み水」だけではありません。お米を洗ったり蒸したり、機材や蔵内を洗浄したりする「醸造用水」など、酒づくりに使う白米の50倍以上もの水が必要といわれます。

これもまた「水の国」、日本ならではのお酒といわれるゆえんです。

江戸時代後期に発見された、「灘の宮水《みやみず》」という酒造用水があります（兵庫県西宮市の西宮神社の南東側一帯から湧出している日本酒造りに適した水のことです）。

有害成分である「鉄」「マンガン」が非常に少なく、一方で、有用成分である「リン」

が豊富、「カリウム」「マグネシウム」も比較的多いことから、「灘の宮水」を使って酒造りをすると、雑味がなく、骨格のしっかりとした品格ある味わいになります。「灘の男酒」とも呼ばれています。

また、ひと夏寝かせることでさらにおいしくなる「秋あがり」するお酒を生み出すのにも一役買っています（詳細は後述します）。

当時、日本酒の最大の消費地であった江戸でこの宮水から生まれる「灘の酒」が有名になったことから、全国に知れわたることとなり、日本一の酒どころとして認識されるようになったのです（現在は、軟水仕込みで「女酒」と呼ばれる京都府の「伏見」、超軟水仕込みの広島県の「西条」と合わせて、日本三大酒どころといわれています）。

水の味を決める基準に「硬度」があります。

100ミリリットルの水にカルシウム・マグネシウムが、酸化カルシウムとして1ミリグラム含まれていると「硬度1」となります。

硬度の数値が低いほど軟水、高いほど硬水となります。「灘の宮水」はミネラル分が多いため硬水です。

日本酒の場合、仕込み水が軟水の場合は、やさしい味わいの日本酒となり、硬水の場合は、しっかりとした芯のある強い味わいになります。

ちなみに、水に含まれる成分として日本酒に有用なものは、麹菌や酵母の増殖や発酵に役立つ、つまり、微生物の栄養になる「カリウム」「リン」「マグネシウム」です。

水の特性を知るとおのずと日本酒の味わいの特徴もわかります。日本酒を選ぶ際、水の硬度は、米以上に必須ともいえるでしょう。

とはいえ、世界の水から比べれば、日本の水の硬度の違いはわずかです。

海外の水を使ってSAKEを造る人が増えていますので、今後は極端に硬度の違う水で醸された、個性のまったく違う日本酒を味わえる機会もあることでしょう。

日本酒の仕上がりを支える「米麹」

日本酒の基本的な原料、三つ目は「麹」です。

麹はカビの一種です。高温多湿の日本をはじめとしたアジアの食文化にはかかせない有用な微生物で、お酒のほか、味噌、醤油の製造に使われます。最近では、「塩麹」や飲む点滴といわれる「麹甘酒」が人気なので、身近に感じる人も多いかもしれません。

米麹は、蒸したお米（蒸米）に「種麹」を蒔き、麹室《こうじむろ》と呼ばれる温室でカビを繁殖させてつくります。種麹とは麹菌の種（胞子）のことで、「もやし」と呼ぶこともあります。

麹は、お米のでんぷんを糖分に変える重要な役割を担っています。蒸米に繁殖させる麹のつき方でできあがるお酒の個性が変わりますし、よい麹からしかよいお酒はできないとまでいわれます。

酒づくりの過程で、麹が必要なのは、同じ國酒である焼酎、そして泡盛です。

日本酒をつくる麹は「黄麹菌／アスペルギルス・オリゼ／Aspergillus oryzae」といいます。オリゼとは稲のことです。

泡盛をつくる麹は「黒麹菌／アスペルギルス・アワモリ／Aspergillus Awamori」、もしくは「アスペルギルス・ニガー／Aspergillus／nigar」といいます（2013年より、新しい学名「アスペルギルス・リューチューエンシス／Aspergillus luchuensis」が使用されています）。泡盛をつくる亜熱帯の沖縄やその周辺の島々は、高温多湿で雑菌が繁殖しやすいので、殺菌力の高いクエン酸をたくさん生成する黒麹が必須です。

また、焼酎をつくる麹は「白麹菌／アスペルギルス・カワチ／Aspergillus kawachii」を主に使用します。「黒麹菌」の突然変異で生まれたもので、発見した河内源一郎氏の名前がつけられています。高温多湿の九州などでつくられるので、殺菌効果の高いクエン酸生成の多い麹が必要です。同じ原材料で、麹だけを変えた「白麹」タイプと、「黒麹」タイプをつくって発売しているところもあります。どちらかといえば「白麹」は軽快で、「黒麹」はコクがあることが多いです。

一方で日本酒用の「黄麹」を使用している焼酎もあり、不思議と日本酒のようなふくらみや、やさしさを感じるものが多いようです。

このほか、中国酒をつくる「紅麹」などもあります。

トレンドとしてご紹介したいのは、酸度を高くするために、焼酎で使用される「白麹」を使って発酵させた日本酒が登場したことです。

甘酸っぱい香味でワイン的なニュアンスを感じます。代表的な商品はコラムにもご登場いただいた新政酒造の「亜麻猫」でしょう。黄麹と白麹を使ったお酒で、今まで日本酒が苦手だった人にも受け入れられ、大変な人気です。

これにならい、白麹の日本酒にチャレンジする若い日本酒の造り手が増えています。

日本酒選びの重大なファクターは微生物

日本酒はさまざまな微生物によって造られています。先ほどお話しした麹や酵母、乳酸菌も微生物の一つです。

日本酒造りは、化学でもあるのです。

❁1 酵母

ワイン造りではワイン酵母、ビール造りではビール酵母、ウイスキー造りではウイスキー酵母を使います。そして、日本酒には清酒酵母を使います。

ちなみに酵母は英語でイースト（ｙｅａｓｔ）といいます。

そもそも「酵母」という日本語は明治時代に造られたもので、ビール製造が導入された際に使われた「ｙｅａｓｔ」を日本語訳してできたものだといわれています。

酵母は、糖をアルコールと二酸化炭素に分解するアルコール発酵において不可欠な微生物ですが、同時に香りを生み出す作用もあります。

どのような酵母が使われているかを知ることで、日本酒の香りの強弱や特徴を見極めることができます。

お米の違いは感じられなくとも、酵母が生成した香りで日本酒の特徴を分類することができるのです。

2 きょうかい酵母（協会系酵母）

「きょうかい酵母」とは、公益財団法人日本醸造協会が全国の酒蔵に提供している酵母です。

もともと蔵元は、各蔵に住みついている蔵つき酵母、自家製酵母を使って酒造りを行っていました。そのため、酒質にはばらつきがありました。

明治時代に入り、政府の「優良な清酒酵母を純粋培養し、全国の酒蔵に提供することにより、安定した酒造と酒税の確保につなげたい」という考えのもと、明治37（１９０４）年設立の国立醸造試験所が全国各地の名酒の醪《もろみ》を集め、試験を始めました。

そして明治39（１９０６）年、灘の「櫻正宗」から収集した酵母の培養に成功。これを「きょうかい1号」とし、一部の蔵元に提供したのです。その後も、協会は多数の酵母を提供し続け、現在では、大半の酒蔵が、この「きょうかい酵母」を使っています。

代表的な「きょうかい酵母」の種類と特徴は65ページの一覧のとおりです。

酵母は大きく、発酵のときに泡が発生する「泡あり酵母」と、泡が発生しない「泡なし酵母」の二つに分かれます。

最近は、自社から抽出し培養された酵母のきょうかい番号を商品名にした銘柄も多く出されています。

たとえば、6号酵母の発祥蔵元である新政酒造は、「Ｎｏ．６ナンバーシックスシリーズ」

として、酵母の番号を商品名にしており、「全国6号酵母サミット」なるものも開催されています。「酵母を知ったらもっと愛おしい」というテーマを掲げ、酵母の発祥蔵元である新政酒造をはじめ、男山酒造、喜久盛酒造など15社以上の蔵元が集まり、それぞれの6号酵母を使ったお酒を味わうことができるイベントです。

数字ではありますが、それぞれの蔵発祥のオリジナリティある番号ですから、これほど明確な差別化はありません。

お米や水だけでは個性の違いが出にくい日本酒ですから、香味の違いがわかりやすい酵母を前面に出した商品戦略は、これからより活発になっていくでしょう。

新政酒造の No.6 シリーズ

3 乳酸菌

日本酒造りに必要な微生物として「乳酸菌」があります。

日本酒を教養としてたしなむ場合、製造に関することや化学的な知識を詳しく身につける必要はないでしょうが、「乳酸菌」は、おいしい日本酒選びに

酵母	特徴
きょうかい 9号	(熊本県酒造研究所、熊本)通称「熊本酵母」「香露酵母」。華やかな芳香あり、7号より酸の生成が少なく短期で醪《もろみ》になりやすい。1975年ごろから吟醸酵母の主流に。完熟リンゴのようなフルーティーな香りが特徴。1968年(昭和43年)〜。もっとも人気の酵母だが、発祥の「香露」に9号と書いたラベルの酒はない。
きょうかい 10号	(明利、茨城)通称「小川酵母」「明利小川酵母」。酸少なく軽快な酒質、吟醸酒向き。 1977年(昭和52年)〜
きょうかい 11号	7号のアルコール耐性株(変異株)、醸造試験所で培養。やや酸多く、醪末期で死滅しにくい、リンゴ酸多い。 1975年(昭和50年)〜
きょうかい 12号	(浦霞、宮城)通称「浦霞酵母」「初代宮城酵母」。芳香高く吟醸酒向き、低温でよく発酵し、酒質優秀。1966年(昭和41年)〜1995年(平成7年)に使用された。
きょうかい 13号	9号と10号の交配株、醸造試験所で培養。それぞれの欠点を補う、酸少なくアルコール耐性が強く吟香《ぎんか》高い。 1981年(昭和56年)〜
きょうかい 14号	通称「金沢酵母」など。生成される酸が少なく、澄んだ味の仕上がり。9号と比べると香りが穏やかで食中酒としての適性が高い。特定名称清酒に適している。 1996年(平成8年)〜
きょうかい 15号	秋田流・花酵母AK−1。酸少なく吟香高い、マイルドな味わいに。 1996年(平成8年)〜
きょうかい 1801号	1601と9の交雑。華やかな香りでスッキリ、あっさりとした味わい。

代表的な「きょうかい酵母」の種類と特徴

酵母	特徴
きょうかい1号	（櫻正宗、兵庫）全国 60 余株より選択、濃醇強健《のうじゅんきょうけん》、低温発酵が可能。 1906 年（明治 39 年）～ 1935 年（昭和 10 年）に使用された。
きょうかい2号	（月桂冠、京都）糖のくい切りよく濃醸。 （明治末）～ 1939 年（昭和 14 年）に使用された。 現在、月桂冠に 2 号を使った商品はあるが、ラベルに「2 号」と書かれた商品はない。
きょうかい3号	（酔心、広島）変質のため使用中止。 1914 年（大正 3 年）～ 1931 年（昭和 6 年）に使用された。
きょうかい4号	（不明、広島）醪《もろみ》の経過良好。 1924 年（大正 13 年）～ 1931 年（昭和 6 年）に使用された。
きょうかい5号	（賀茂鶴、広島）果実様の芳香が顕著。 1925 年（大正 14 年）～ 1936 年（昭和 11 年）に使用された。 2019 年に復活。
きょうかい6号	（新政、秋田）通称「新政酵母」。発酵力強く、澄んだ穏やかな香り（やや低い）、味よし。現在、もっとも人気のある酵母であり、6 号ブランド化に成功。 1935 年（昭和 10 年）～。
きょうかい7号	（真澄、長野）通称「真澄酵母」。芳香よし、発酵力強、酒質優秀。もっとも多く使用されている酵母で、近代酒質の基調に。吟醸酵母の香りが注目されるようになった発端でもある。完熟リンゴのようなフルーティーな香りが特徴。 1946年（昭和21年）～
きょうかい8号	6 号の変異株。多酸濃醇《たさんのうじゅん》。 1962 年（昭和 37 年）～ 1978 年（昭和 53 年）に使用された。 2003 年（平成 15 年）ごろ～実用復活。

不可欠の要素なので、しっかり見ていきましょう。

乳酸菌は、ヨーグルトやチーズ、発酵バター、乳酸飲料をはじめ、漬物、キムチ、納豆、フナ寿司などにも含まれており、サプリでとる人もいるほど健康効果が高いといわれています。

日本酒造りでは、雑菌を殺す有用な微生物として、酒母（日本酒を醸造するために培養された優良な酵母を繁殖させたもので、発酵のスターターになるもの）造りのときに使います。

このとき、ナチュラルな乳酸菌を使うか、それとも、人工培養の乳酸菌を使うかによって、お酒の香味が変わります（詳細は後述します）。

乳酸菌は、ときに異臭を感じさせることもあり、日本酒業界では「火落《ひおち》」と呼ばれ敬遠されています。蔵人《くらびと》がもっとも嫌う匂いの一つです。

乳酸菌が、お酒にとっていい菌になるのか、悪い菌になるのか、プロの技が如実に影響するところです。

なお、本書では触れませんが、乳酸菌と同様、殺菌の働きを持つものに「硝酸還元菌」があります。

ワイン、ビール、日本酒の発酵の仕方

単発酵

ブドウの糖分（ブドウ糖）→酵母
→　**アルコール（ワイン）**

単行複発酵

大麦（でんぷん）→麦芽《ばくが》（酵素）／糖化→麦汁《ばくじゅう》（糖分）→酵母
→　**アルコール（ビール）**

※一つのラインで順番に行われる。

並行複発酵《へいこうふくはっこう》

米→麹（酵素）／糖化　→糖分（ブドウ糖）→酒母《しゅぼ》（酵母）
→　**アルコール（日本酒）**

※同じタンク内で糖化とアルコール発酵が並行して同時に行われる。

日本酒は、米のでんぷんを麹の働きで糖分に代えることと、その糖分を酵母の働きでアルコールに代えることを同時に行う「並行複発酵」で生み出されます。

ワインは、ブドウに含まれる糖分が酵母の働きによってアルコールに代わる「単発酵」、ビールは、まずは、麦芽（モルト）の酵素によって穀物である大麦から麦汁として糖分を生み出し、次に、その糖分を酵母の働きによってアルコールに代える「複発酵」で造ります。

日本酒は、並行してこれら二つを行う「並行複発酵」を行うので、醸造酒ですが比較的高いアルコールを生み出すことができるのです。

海外の方に日本酒の発酵、とくに「麹」（Japanese Sake Mold）の説明をするのに骨を折りますが、ワインやビールを例に挙げると比較的わかりやすく、また醸造酒として比較的高アルコールになる理由もわかっていただけます。

しかし、顕微鏡などない時代、経験とカンでこのような微生物たちと上手につきあい、酒造りをしてきたのかと思うと敬服します。こうして継がれてきた酒造りの文化、こういったことも日本酒の魅力と誇りではないでしょうか。

「醸造アルコール」は影の立役者

酒税法の清酒の定義で認められている原料に「醸造アルコール」があります。サトウキビや米、トウモロコシ、さらには糖蜜、または糖蜜を造ったときの副産物（モラセスと呼ばれる）などを原料として発酵させ、蒸留した純度の高いアルコールのことです。原料の香りや味はほぼ感じられません。ある意味、とてもクリアでクセのない焼酎ともいえます。

日本酒メーカーは、大手アルコールメーカーから醸造アルコールを購入し、日本酒に使用します。自社で製造しているメーカーもあります。

醸造アルコールを使う理由は次の四つです。

1　腐敗防止のため

これは江戸時代から行われてきた製法で「柱焼酎」と呼ばれます。アルコールは殺菌効果が高く、混ぜることによりお酒を日持ちさせる効果があります。

2　コスト軽減のため

「酒米」は原料として非常に高価であるため、米の使用比率を下げるために使用します。とくに太平洋戦争前後、米不足で日本酒製造がままならない時代に行われた酒造りの手法でもあります。現在も、低価格の普通酒は、コスト軽減目的で使用しています。

3 すっきりとした辛口になるため

醸造アルコールはピュアアルコールで、クセがなくクリアな焼酎のようなものです。日本酒にブレンドすることで、米のうま味によって甘く濃厚になりやすい日本酒にドライさと軽快さをプラスできます。昭和時代に人気となった新潟の淡麗辛口の本醸造酒がその代表です。

4 フルーティーで華やかな香りを際立たせるため

吟醸酒はリンゴやバナナ、メロンやマスカットのような香りがします。こうしたフルーティーな香りを際立たせるのに、醸造アルコールが役立つのです。

コスト軽減のため、また「添加物」といったイメージが強いからか、「醸造アルコール」を使用したお酒はよくないと決めつける風潮がありますが、必ずしもそうではありません。日本酒好きの方の中にも、醸造アルコールが添加されていない「純米酒」こそが日本酒であるという考えの人もいますが、醸造アルコールを使うことでこのような効果があることを知っておきたいものです。

この四つの理由を理解していただければ、醸造アルコールが使用されたお酒、たとえば「本醸造酒」や「吟醸酒」「大吟醸酒」なども楽しむことで幅が広がります。

また、「醸造アルコール」を使っているお酒（蒸留酒）は、何も日本酒だけではありません。製造過程で蒸留酒を添加する酒精強化ワインなどと比較することで、より立体的に楽しめるはずです。

日本酒造りは四季と共にある

日本酒は米づくりから始まります。

春から初夏にかけて田植えをし、夏に稲の花が咲き、秋には実がなり収穫、冬は春に備えて土づくりをする。まさに、日本酒造りは、四季と共にあるのです。

お酒自体を造り始めるのは、米を収穫してからです。73ページの図を見ていただくと、イメージがわくのではないでしょうか。

順番に見ていきましょう。

❖1 精米

収穫した米は玄米なので、まず精米します。米の表面には栄養成分がありますが、お酒になると雑味になることが多いので削ります。「磨《みが》く」ともいいます。

その後、米を落ちつかせ（枯らし）たのち、洗米します。米の表面に残ったぬかなどを洗い流すのです。削った分、かなり小さくなっているので水に浸したり洗い流したりする作業もかなり気をつかって行います。手洗いで行うことも多く、冬の寒い時期には大変な作業です。

続いて、適度に水分を吸った米を蒸します。強い蒸気でしっかりと蒸します。いいお酒になる蒸米は「外硬内軟《がいこうないなん》」と呼ばれ、表面は硬いが中はやわらかく、麹菌が繁殖しやすい状態を指します。ここの出来次第で最終的なお酒の仕上がりが決まる大切な作業です。

❖2 麹造り（製麹）

蒸しあがった蒸米から「米麹」をつくります。麹はカビの一種です。ちょっとした風でも舞い上がるので、密閉された特別な部屋「麹室」で、温度も湿度も高くし、丸2日間かけて、蒸米に目標とする麹菌をしっかりと繁殖させます。この作業は、大変な手間と技術を必要とし、造り手の腕の見せどころでもあるので、昔から日本酒造りの基本として「一

稲の一生

期間		生育状況	主な作業内容
4月	上旬		
	中旬		播種・育苗
	下旬		
5月	上旬		田植・基肥
	中旬		
	下旬		
6月	上旬		
	中旬	分げつ期	
	下旬		中干し
7月	上旬		
	中旬	幼穂形成期	
	下旬	減数分裂期	追肥
8月	上旬	出穂期	
	中旬		
	下旬	登熟期	
9月	上旬		落水
	中旬		
	下旬		稲刈り
10月	上旬		
	中旬		
	下旬		

（出典・協力）　全国農業協同組合連合会 宮城県本部

麹、二酛《もと》、三造り」といわれています。

3 酒母（酛）造り

低温管理された別部屋で、小型のタンクに蒸米と水、できあがった米こうじを混ぜ入れて、有用な酵母を1～2週間かけてゆっくりと繁殖させます。これが「酒母」になります。まさに酒の母、発酵のスターターとなるものです。

4 醪造り

「酒母」をベースに、蒸米、水、米麹を三段階にわけ、徐々に足していき（三段仕込み）、糖化と発酵を行います（並行複発酵）。辛口か甘口か、淡麗か濃醇か、アルコール度数はどのくらいかなど目標とする香味に向けて調整をしながら2週間ほどで発酵させます。発酵が終われば、いわゆる「どぶろく」です。

その後、濾過を行います。透き通った上澄みと酒粕を分けたり、さらに細かい滓《おり》（澱）を取り除いたりします。どのくらいこすかにより濁り酒になったり、透きとおったお酒になったりします。これも最終商品として目標に沿った手法で処理をします。

日本酒ができるまで

およそ3カ月を経て、日本酒はできあがります。

製造工程

2日 ①精米

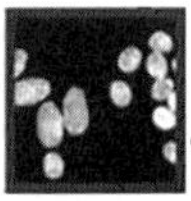

30日 枯らし

1日 洗米・浸漬《しんし》

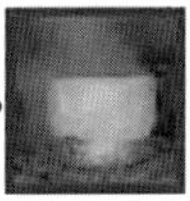

1日 蒸し

2日 ②麹造り(製麹)

14～20日 ③酒母(酛《もと》)造り

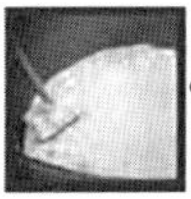

14～20日 ④醪《もろみ》造り

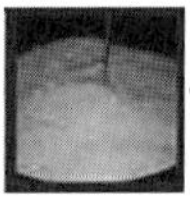

7日 上槽《じょうそう》

滓《おり》引《び》き

1日 濾過

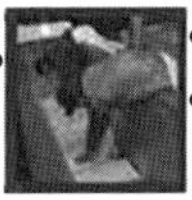

火入れ

1週～1年など 貯蔵

調合・割水

2日 濾過・火入れ

瓶詰め

出荷

ラベル表示への反映

原料米の品種
▶山田錦、五百万石など
精米歩合の差
▶大吟醸、吟醸酒など

麹の種類
▶麹米山田錦使用など

酵母の種類
▶7号酵母、9号酵母など
酒母の種類
▶生酛、山廃酛など

醪の種類
▶三段仕込み、四段仕込みなど
アルコール添加の有無
▶純米酒、本醸造酒、普通酒など

上槽の違い
▶斗瓶囲《とびんかこ》い、あらばしり、中汲みなど

濾過の有無
▶無濾過など

火入れの有無
▶生酒、生貯蔵酒、生詰酒など

貯蔵期間の違い
▶新酒(搾り立て)、冷やおろしなど

割水の有無
▶原酒など

熟成期間の有無
▶古酒、長期熟成酒など

(出典)『日本酒講座』大越智華子著

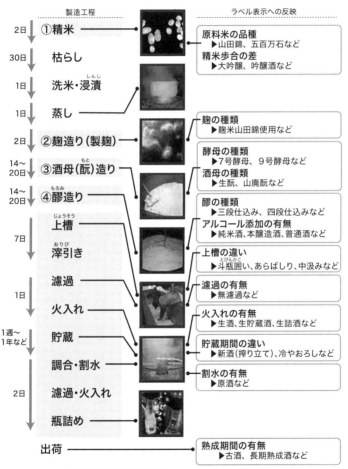

目標のお酒ができあがったら、「火入れ」をします。目的は殺菌と、酵母を死滅させて発酵を終了させることです。酵母が残っていると、糖やタンパク質を分解してしまい、酒の味が変わってしまうためです。

余談になりますが、この「火入れ」は、19世紀、フランス人細菌学者ルイ・パスツールが発明したことから「パストリーゼーション」と呼ばれています。日本では、平安時代から行われ始め、江戸時代には全国的に酒造りの工程として取り入れられていました。パスツールの発明より前から、日本ではこの手法を行っていた、それどころか文化として受け継がれていたというわけです。すごいですよね。

さて、火入れが終わったら、粗い味わいを落ち着かせます。場合によっては、ここで香味やアルコール度数を調整するために水を加える「割水《わりみず》」や、「醸造アルコールの添加」をします。

そして、再度、濾過をし、今一度殺菌と品質安定のために火入れを行います。安全度を高めてから商品として出荷するためです。

瓶詰めして、ラベルを貼ったら出荷です。

ここまでで、約3カ月。

10月に収穫したお米が、お正月頃にはできたてのお酒として飲めるというわけです。これが「新酒」です。

もちろん、お米は備蓄できるので、11月からでも、12月からでも、それこそ年明け、春にでもお酒造りを始めることができます。夏であっても、いいお米があれば、お酒造りが可能です。

このように、年中お酒造りを行うことを「四季醸造」といいます。

本来、日本酒は、冬の寒さの中でつくる「寒仕込み」が、雑味がなくおいしいお酒ができるとされ、江戸時代から広く行われてきました。

四季醸造が可能になったのは、冷房設備が進化したおかげです。

蔵全体を冷蔵庫のように冷やすことができるので、真冬と同じような条件となり、年中、寒仕込みの酒造りが可能になるというわけです。

ちなみに、秋にしか収穫できないブドウなど、果物から造るお酒は、基本的に四季醸造はできません。同じ醸造酒でも違いがありますね。

一年中酒造りができるようになったことで、お酒の楽しみ方がより増えました。季節ごとの楽しみ方については後述しますが、四季を絡めて楽しむことを提案できれば、さまざまなビジネスシーンでも活用できるでしょう。

コラム 蔵元3

旭酒造株式会社

名称	旭酒造株式会社
所在地	〒742-0422 山口県岩国市周東町獺越 2167-4
TEL	0827-86-0120
創業	昭和 23 年（1948 年） 1月23日
ウェブサイト	https://www.asahishuzo.ne.jp/
代表のお酒	獺祭 磨き二割三分

『逆境経営－山奥の地酒「獺祭」を世界に届ける逆転発想法』（ダイヤモンド社刊）にもありますように、旭酒造株式会社桜井博志会長を中心とした、ここ数年のグローバルな働きかけは、日本酒の存在価値に大きな変化をもたらしました。とことんまで精米歩合にこだわった商品づくり、東京市場へのシフト、杜氏制度の廃止、四季醸造、ワイングラスで飲むことの提唱、東京のアンテナショップ設置、パリの「Dassaï Joël Robuchon(獺祭　ジョエル　ロブション)」の開業、そしてニューヨークの酒蔵建設などがその一環です。

これにより、国内の日本酒未経験者や海外の美食家が一気に日本酒を知り、獺祭を支持することとなりました。日本酒業界におけるプロダクトアウト・マーケットインの成功例でしょう。

しかし桜井会長は、日本の酒蔵が日本酒そのものの存在価値をわかっていないとおっしゃいます。マスメディアがいう日本酒ブームは表面的なもので、実際に業界内は変わってい

81 ページにつづく→

しいと希望されます。

「新型コロナの影響で在宅する機会も増えた今、日本のみならず世界中でも、きっと一人でごはんを食べる人が増えたのではないかなぁ」というつぶやきにはドキッとします。

世界が一変したここ数カ月、はからずも一人の食卓になった人もいるでしょう。そんなとき、傍らには日本酒を置いてほしいものだとおっしゃいます。

ビジネスシーンでも日本酒は有用だけど、なんといってもまずは家庭が基本。お酒は健康じゃないとまったくおいしくないもの。風邪をひいたらおいしくないし、飲めませんからね、と、ここは笑顔で。

また、読者の皆さまには、「日本酒が米でできていること」を知ってほしいと力説されます。さぞかし「日本酒は何でできているのですか？」といった質問をたくさん受けてい

旭酒造　桜井博志会長

ない。広い意味でも日本酒の存在価値はあまり認識されていないのではないかとおっしゃるのです。

なぜなら、日本酒人気は長期低落しており、その事実は酒蔵の活動が否定されたも同然で、それでも変わろうとしないことが問題なのですと、柔和な雰囲気からはまったく違ったリーダーならではの厳しさをもって話されます。

読者、つまり消費者の皆さまが、日本酒について知りたいと思ってくださることは、酒蔵としては本当にうれしく、どうしたらもっと理解してもらうことができるだろうと心から思いますが、それには日々の努力しかないと感じます、とつけ加えます。

獺祭 磨き二割三分
23 パーセントまで小さく磨いたお米で造られている

「獺祭」は格段に輸出量の多い銘柄として知られています。数年前はアメリカが多かったようですが、いまは東南アジアからのリクエストが急増しているとのこと。

「海外での日本酒評価の高まりについては実感しており、たしかに数量が増え、売り上げが伸びています。とはいえ、海外の人には、うちの商品というよりも、まずは日本酒の基本を知ってもらいたいという思いがあります。日本においては、お酒はやはり家庭で飲んでもらいたいと思うんです」

家族で、または気のおけない仲間と一緒の食卓で、一つのコミュニケーションツールとして日本酒とつきあってみてほしい。日本酒は家庭料理に合うものだから、家の中での会話を楽しみながら、料理とともに日本酒を気軽に取り入れてほ

らっしゃるのだろうと推察しますが、主食の米は、日本人の魂でもあり、原点でもあります。それをぜいたくに使ったのが日本酒であることは、やはり知っていてほしいと私も願うところです。

「日本酒の世界は、よくも悪くも社会構造とともにある結構フラットな社会で、杜氏という労働者が日本酒を育てたという事実はすごいことなんですよ。王様の管理下にあったワインの歴史とは違います。そんな日本酒の歴史は、実は世界に誇れるものなのです」と、桜井会長はおっしゃいます。世界に獺祭ブランドを広める中で、世界の歴史あるさまざまなお酒たちとわたり合ってきた経験からのお言葉に思えます。

最後に、日本酒選びは、とにかくご自身で素直に「おいしい」と感じるものを飲んでいただきたいとのこと。人に教えてもらったりすすめてもらったりということだけで鵜《う》呑《の》みにしないでというアドバイスです。日本酒業界を俯瞰《ふかん》するビジネスパーソンらしいお言葉に感じます。

第3章

日本酒の基礎知識 Ⅱ

日本酒を選ぶ

日本酒独特の言葉がある

現在、日本酒の酒蔵は、国内だけで1370以上（参考：国税庁 清酒製造業の概況／平成30年度調査分）あり、1万種以上もの銘柄（商品）があるといわれています。日本酒を選ぶときは、ラベルを見て判断することがほとんどでしょう。しかし、専門用語が多く、わかりにくいのが現状です。

ラベルにどんなことが記されているか、また使われている用語の意味は何かを一通り知っておくことで、より好みのお酒を選べますし、会話でも有用です。

日本酒のラベルには、酒税法に基づいた「必ず載せないといけないこと」、そして「載せても載せなくてもいいこと」があります。

●必ず載せないといけないこと

1　原材料名（使用量の多い順に記載。特定名称の場合は、精米歩合を合わせて表示）

2　製造時期

3　保存または飲用上の注意事項（生酒のように精製後、一切加熱処理をしないで出荷す

ラベルの見方

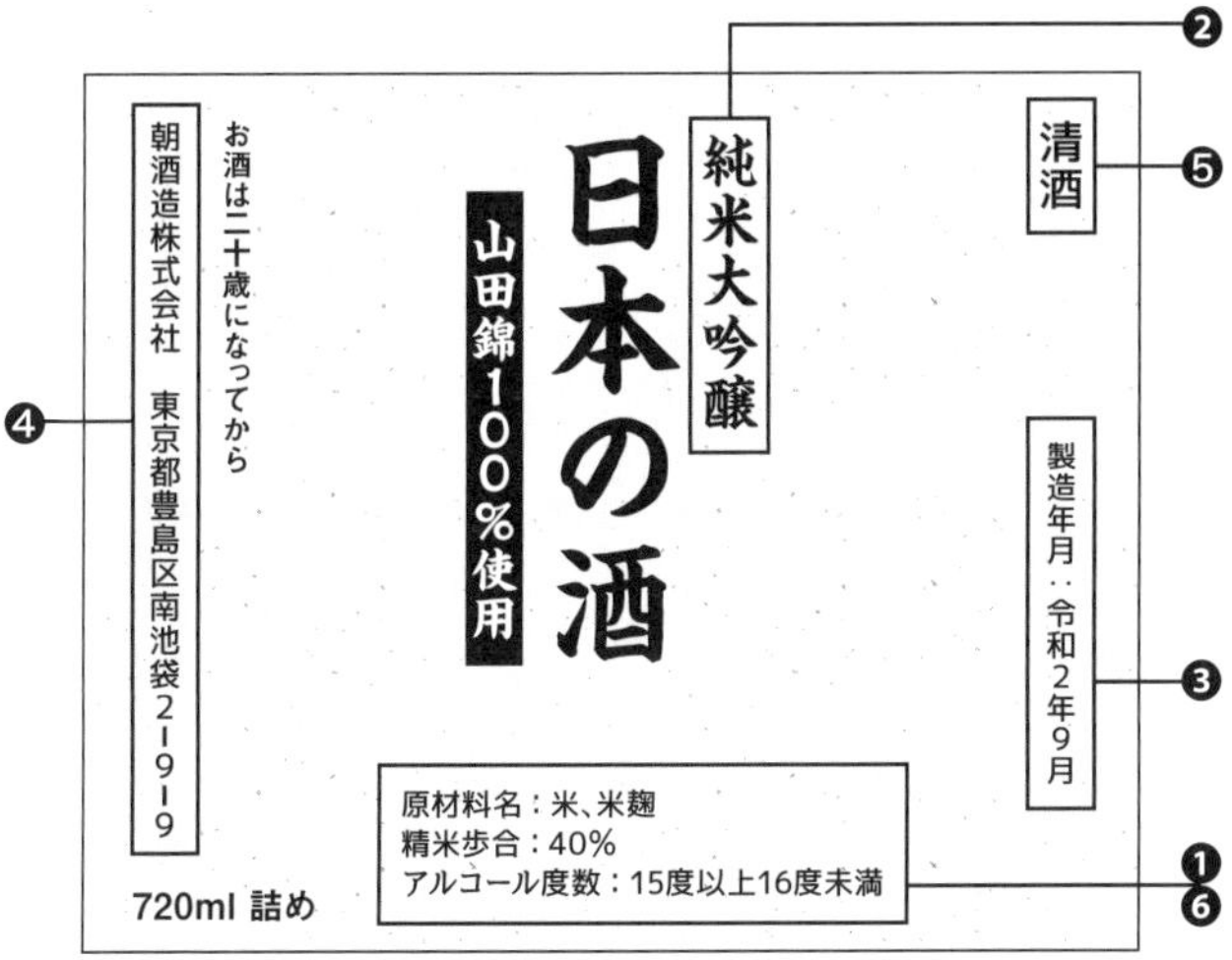

❶**原材料名**：米、米麹。以下は使用量の多い順に表示

❷**特定名称の表示**：吟醸、純米、本醸造のいずれかの言葉、もしくは組み合わせ

❸**製造時期**：搾った月ではなく、瓶詰めされた月

❹**製造地の住所と名称**

❺**清酒か日本酒**：（酒税法上の名称）日本酒と表示しても可

❻**アルコール分**：一般的な日本酒の場合 15 度前後

る清酒には、保存もしくは飲用上の注意事項を記載）

4　原産国名（輸入品の場合に記載）

5　外国産清酒を使用したものの表示

そのほか、

・製造者の氏名または名称
・製造場の所在地
・容器の容量
・清酒か日本酒か
・アルコール分（度数）
・発泡性を有するものはその旨
・未成年飲酒防止に関する表示

これらは、ラベルの表裏、どこかに必ず記載されています。

●載せても載せなくてもいいこと

・原料の品種名

・産地
・貯蔵年数
・原酒　生酒　生貯蔵酒　生一本　樽酒
・極上　優良　高級　等
・受賞歴

これらは任意ですが、造り手としてはやはり載せておきたい情報ですよね。

また、「載せてはいけないこと」もあります。たとえば、「最高」「第一」「代表」など、最上級を意味する用語や官公庁御用達、またはこれに類する用語があたります。

ほかにも、造り方の特徴、味の特徴や造り手の想いなどの説明文を載せることもあります。

本章では、日本酒を選ぶために知っておくべき用語について、お伝えしていきます。

意外と知らない、純米と本醸造の違い

絶対必要とされている記載事項ではありませんが、「特定名称」は、日本酒のラベルでもっとも目安となる情報です。純米大吟醸、本醸造酒、純米酒など、特定名称がついているということは、高級酒であるという意味です。

昔は、「特級酒」「一級酒」「二級酒」など級別制度に基づいた「級」が表示されていたのですが、1992（平成4）年に撤廃されました。覚えている人はあまりいないかもしれませんね。それに代わるようにして「特定名称」が使用されるようになりました。

しかしこの「特定名称」も、消費者からすると、香味の特性が想像しにくい、専門用語でわかりにくいなどといった指摘も出ています。消費者の気持ちに寄りそおうとする造り手からも同様の声が上がっており、特定名称をラベルに記載しないお酒も出始めています。

特定名称酒は89ページの表のとおり、3グループ、8種類に分けられています。

1　本醸造グループ

①本醸造酒、②特別本醸造酒、⑤吟醸酒、⑥大吟醸酒

日本酒は8分類される

1992（平成4）年の酒税法改正により、特級・一級・二級などの日本酒の級別制度が廃止となりました。それ以来、日本酒を区別する「特定名称」が誕生しました。

それぞれ、原料・製造方法などの違いによって 8 分類され、所定の要件に該当するものに、その名称を表示することができます。

特定名称名	使用原料	精米歩合	香味等の要件
① 本醸造酒	米・米こうじ・醸造アルコール	70%以下	香味・色沢が良好
② 特別本醸造酒	米・米こうじ・醸造アルコール	60%以下または特別な製造方法	香味・色沢が特に良好
③ 純米酒	米・米こうじ	規定なし	香味・色沢が良好
④ 特別純米酒	米・米こうじ	60%以下または特別な製造方法	香味・色沢が特に良好
⑤ 吟醸酒	米・米こうじ・醸造アルコール	60%以下	吟醸造り・固有の香味・色沢が良好
⑥ 大吟醸酒	米・米こうじ・醸造アルコール	50%以下	吟醸造り・固有の香味・色沢が特に良好
⑦ 純米吟醸酒	米・米こうじ	60%以下	吟醸造り・固有の香味・色沢が良好
⑧ 純米大吟醸酒	米・米こうじ	50%以下	吟醸造り・固有の香味・色沢が特に良好

お米と米麹、醸造アルコールを使用したもの。すっきり軽快でドライな味わい。飲み飽きない。「特別本醸造酒」は一部華やかなものも。「吟醸酒」「大吟醸酒」は、雑味になるお米の表面を磨くことで繊細になり、吟醸酵母によるフルーティーで華やかな香りがある。

2　純米グループ

③純米酒、④特別純米酒、⑦純米吟醸酒、⑧純米大吟醸酒

お米と米麹のみで造られたもの。お米本来のうま味が活きている。「特別純米酒」は一部華やかなものも。「純米吟醸酒」「純米大吟醸酒」は、雑味になるお米の表面を磨くことで繊細になり、吟醸酵母によるフルーティーで華やかな香りがある。純米なのでお米のうま味も同時に感じられる。

3　吟醸グループ

⑤吟醸酒　⑥大吟醸酒　⑦純米吟醸酒　⑧純米大吟醸酒

雑味になるお米の表面を磨くことで繊細になり、吟醸酵母によるフルーティーで華やかな香りがある。「吟醸酒」「大吟醸酒」は醸造アルコールを使用するため、より華やか。「純米吟醸酒」「純米大吟醸酒」は、華やかな香りがある。お米のうま味も同時に感じられる。

また、香りや味わいは、使用原料、精米歩合からも見極められます。

使用原料

「醸造アルコール」を使用しているか、していないか、が目安となります。

ラベル上のどこかに「純米」と記載があるかないかで見分けられます。

「純米」とあれば、原料は米と米麹のみ、なければ醸造アルコールを使用しているということになります。

醸造アルコールのあるなしだけで香味を決めることはできませんが、「香りの華やかさ」「味わいの軽快さ、ドライさ」など、違いは感じられます。

たとえば「大吟醸酒」と「純米大吟醸酒」ならば、醸造アルコールを使用している前者がフルーティーで華やかな香り、醸造アルコールを使用していない後者が落ち着いた香りとなりますし、「本醸造酒」と「純米酒」では、醸造アルコールを使用している前者がドライで軽快な味わいで、醸造アルコールを使用していない後者がコクとうま味がある味わいになるといった具合です。

フルーティーすぎず、香り控えめで、味もすっきりドライなタイプのお酒を飲みたい場合は、「本醸造酒」や「特別本醸造酒」を選び、甘くてフルーティーなタイプのお酒を飲みたいときには「大吟醸酒」もしくは「吟醸酒」を選ぶとよいということになります。
フルーティーだけど、お米の個性も感じたいときには、醸造アルコールを使用していない「純米大吟醸酒」「純米吟醸酒」を選ぶとよいでしょう。

❖精米歩合

酒造りの際は、お米の表面にある栄養素が雑味になってしまうので、お米の表面を削り（磨き）ます。これを「精米」といい、米の表面を削り、残った部分をパーセンテージであらわしたものが「精米歩合」です。

たとえば表面を30パーセント削ったものは「精米歩合70パーセント」となります。半分削ると「精米歩合50パーセント」です。ちなみに、ごはんとして食べるお米は10パーセントほど削ることが多いので、精米歩合90パーセントになります。

この数字が少なければ、たくさん削ったことになるわけです。

「純米大吟醸酒」や「大吟醸酒」は、精米歩合50パーセント以下とする決まりになっています。

希少価値の高いお米を半分以下まで削ってからお酒にするのですから、相当に贅沢です。なかには、精米歩合「45パーセント」「30パーセント」「23パーセント」「7パーセント」、

Mini column 01

もともと「大吟醸酒」は、全国新酒鑑評会への出品酒として生まれました。

杜氏の腕を競うことが目的で、明治44（１９１１）年から現在まで行われている歴史ある鑑評会でもあります。

金賞を受賞すれば、確かな技術を持つ杜氏がいる蔵と認識されるため、大変名誉なことですし、高額商品としての販売も可能になります。

しかし最近は、杜氏の技術のほか、近代技術と情報を駆使すれば金賞受賞ができるようになったり、「華やかな香り」「甘い味わい」が鑑評受けする受賞基準となってしまい、出品されるお酒が基準に沿ったものばかりになってしまったりなど、さまざまな問題が出てきています。

鑑評会では評価はされないけれど、すっきりと軽快で甘さも控えめなお酒のほうが、実際の市場では好まれ、また売れてもいます。

日本酒愛好家の中には、「受賞酒」は飲まない、「純米大吟醸酒」も「大吟醸酒」も「純米吟醸酒」も「吟醸酒」も飲まないと言い切る人も少なくないのが現状です。

造り手のモチベーションアップとなるはずの鑑評会が、もはやその役割を果たせなくなっているのです。

鑑評会が求めるものと、市場、人々が求めるものとの乖離をいかに縮めていくか、考えるべき時がきているといえるでしょう。

さらには「1パーセント」などというお酒も存在します。哲学的すぎて私には理解ができませんが、精米歩合「0パーセント」というお酒も売られています（実際は「0・8パーセント」で小数点以下を切り捨て「0パーセント」と表示しています）。そのうち大吟醸酒は、醸造アルコールだけなどというおかしな現象も生まれるかもしれませんね。

お米の表面を磨けば磨くほど（削れば削るほど）、雑味のない、洗練されて研ぎ澄まされた、どちらかといえばスマートな味わいになります。

反対に、あまり削らないと雑味が残ります。ただし、その雑味が米本来のうま味やコク、ふくよかさとなり、熟成が進むことによって変化や遊び味（さまざまにとがった、いびつな個性が、時間とともに共鳴し合い、融合し、熟れながら生まれていく味わいのこと（著者造語））を生み出し、また違う魅力を発揮します。

近年人気のある「純米酒」は、醸造アルコールを使用していない、米と米麹だけのお酒というところが大きな魅力で、なにより、米のうま味を楽しめます。

精米歩合についても「規定なし」。

それこそ、まったく精米しない玄米で造ることも可能だということです。雑味を活かした個性ある濃厚な「純米酒」も、逆にたくさん磨いて、すっきりと軽快な仕上がりにした

「純米酒」も造ることができます。

「純米酒」は、さまざまなバリエーションがあり、そこが第一の魅力なのです。

しかし、「醸造アルコール」を使用していない点も、もちろん魅力ですが、そのことだけでむやみに「純米酒信仰者」となってしまうのは、避けたいところです。

純米なのでお米のうま味を楽しめるのと同時に、たくさん精米しているので洗練された味も楽しめます。さらに、吟醸酵母を使用することにより、フルーティーさも楽しめます。

純米吟醸酒や純米大吟醸酒が人気の理由がこれです。

「精米歩合」の度合いで、お酒はさまざまな個性を身につけることができるのです。

一つだけ、ここでお伝えしておきたいことがあります。

それは、「精米歩合」が低い（たくさん磨いている）からといって、必ずしもフルーティーで華やかな味わいとはいい切れないということです。

フルーティーで華やかなのは、「精米歩合」のせいではなく、そういった香りにするための「吟醸酵母」を使用しているからです。

華やかな吟醸香《ぎんじょうか》を醸し出す酵母として知られるのは、「きょうかい7号」「きょうかい9号」「きょうかい14号」や「1601」「1801」などの泡なし酵母です。ほかにも、「山形酵母」「うつくしま夢酵母」、近年開発された「セルレニン耐性酵母」があります。

「吟醸酒」とラベルに記載されていない「純米酒」「特別純米酒」「本醸造酒」「特別本醸造酒」であっても、吟醸酵母を使用していることがあります。そうすると、フルーティーで華やかな味わいになるのです。こうしたわかりにくいところも、特定名称が抱える問題の一つともいえます。

さてこの先、日本酒をラベルで見極める画期的な手法は、はたして出てくるのでしょうか。消費者の一人として、切に期待したいところです。

ツウなら知っておきたい日本酒用語

日本酒の呼び名は、特定名称だけではありません。

さまざまな製造工程の名称をラベルに記すこともあります。

ぜひ知っておきましょう。

1 搾った際に出てくる順番に関する名称

日本酒は、醪《もろみ》を搾って仕上げます。同じ「搾り立て」でも搾る段階に合わせて次の3つに分けられます。

❖ あらばしり（荒ばしり／荒走り）

圧をかけずにもろみの重さだけで自然にほとばしる、いわゆる一番搾りを指します。新鮮なうえに、粗っぽさを残す味わいで、ときに濁っていたり泡を感じたりすることもあるのですが、そこが魅力となります。

昔は蔵でしか飲めなかったものですが、今では冷却の技術や流通の発達により飲食店や家でも飲めるようになりました。

❖ なか（中）／中取《なかど》り／中汲《なかぐ》み

「あらばしり」の後、落ち着いた状態で搾ることができる、中間地点で出てくるお酒を指します。「あらばしり」のような粗さはなく、いくぶんなめらかです。

もっとも安定した酒質なので、コンクール出品酒とすることも多いようです。

❖ せめ（責め）

搾りの終盤、「なか」の出方が少なくなったら、もうひと息圧力をかけて搾り込むことで出てくるお酒を指します。いわゆる、最後の部分です。酒粕が多くなってきた状態で搾り出すので、もっとも濃厚な味わいになります。

この三つを総じて「あら・中・せめ」ということもあります。同じお酒を搾った段階別に「あらばしり」「なか」「せめ」で飲みくらべるのも、ちょっとツウですね。

2 製造工程に関する名称

日本酒の仕上がりは、製造工程に大きく関わります。製造工程に関する専門用語の意味は押さえておきましょう。

◇ 原酒《げんしゅ》

日本酒は、一般的に水を加える「割水」をしますが、それをしていないお酒を原酒といいます。

水を混ぜることで、アルコール度数や香味を調整するのですが、原酒はそれをしていないため、アルコール度数が18〜20パーセントほど（割水をしたお酒は14〜17パーセントほど）になります。しっかりとした力強い味わいが特徴です。

無濾過《むろか》

濁ったお酒を「ろ材」を通して透明にすることを「濾過」といいます。濾過することで、残っている澱などを取り去るのです。色や雑味を取りのぞくことにもなるので、しっかりと「濾過」すれば、きわめて透明度の高いクリアなお酒ができます。

「無濾過」は「濾過」をしていないという意味。あえて、お酒の中に残っているさまざまな残留物をそのまま味わうことができます。クリアなお酒もいいですが、濾過しない、できたままのちょっとごつごつした味わいのお酒も、それはそれでまた魅力的です。

生酒《なまざけ》

通常は、二度、「火入れ」を行うのですが、それを一度もしないで造ったお酒のことです。

生詰酒《なまづめしゅ》

お酒ができたときにのみ「火入れ」をして貯蔵し、瓶詰めのときには「火入れ」をしていないお酒のことです。

◆生貯蔵酒《なまちょぞうしゅ》

お酒ができたときに「火入れ」をせずにそのまま貯蔵し、瓶詰のときに「火入れ」をしたお酒のことです。

生酒、生詰酒、生貯蔵酒のいわゆる「生」系は、とにかくフレッシュさを楽しみます。さわやかな香り、すっきりとした口あたりが特徴なので、冷やして飲むのがおいしいものが多いです。封を開けたときにシュワっと泡が出るものもあります。新鮮な証しです。あえて生酒をお燗にして楽しむという方法もあります。酸味が引きしまって、冷たくして飲むのとはまた違った趣があります。

また、「火入れ」をしていない、もしくは「火入れ」の回数が少ないため、悪くなりやすいのも特徴です。

必ず冷蔵庫に入った商品を購入し、飲んであまった際には冷蔵庫に保存し、早めに飲み切ってください（飲みきりサイズの小瓶もたくさん発売されています）。

ちなみに、国内外を含め、市場で人気なのは「無濾過生原酒」です。

お酒の造り方

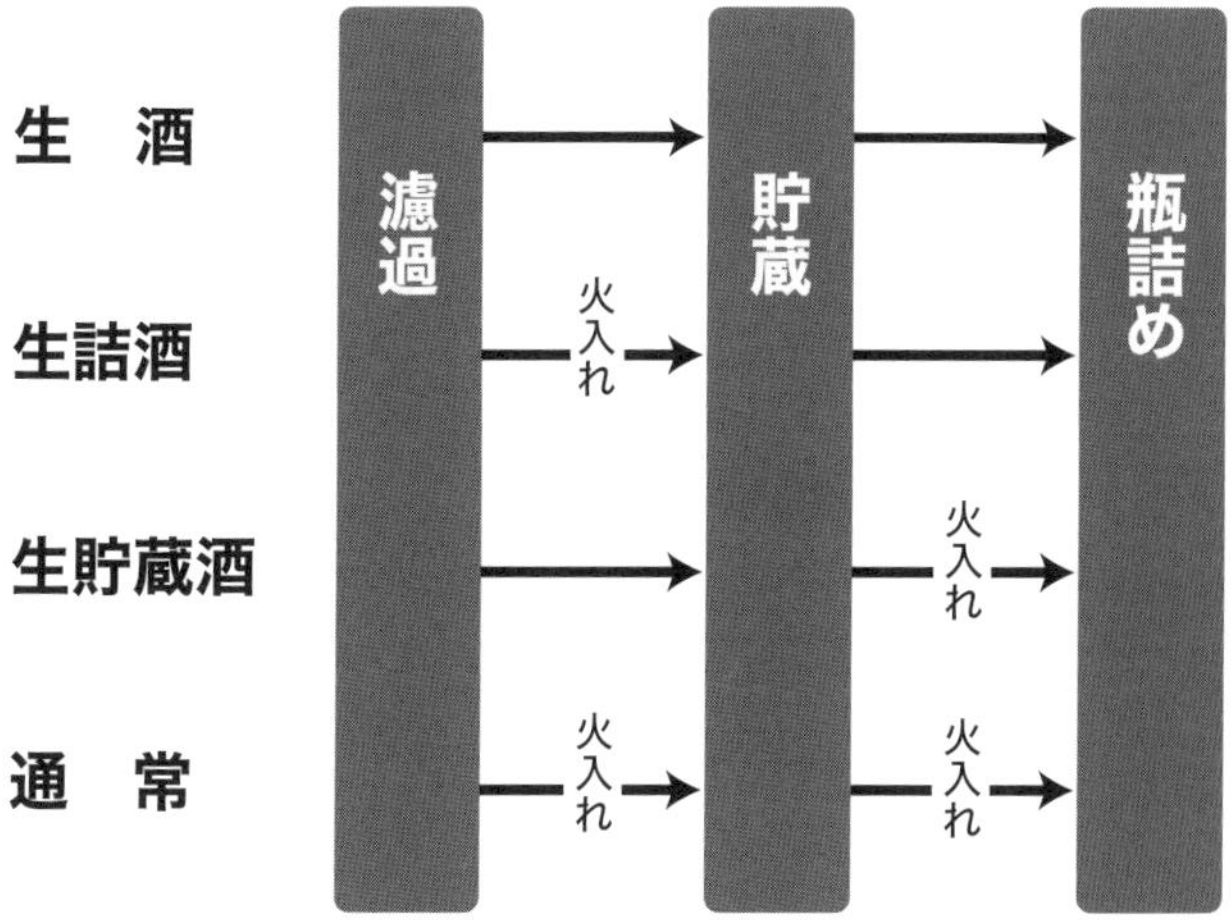
生　酒
生詰酒
生貯蔵酒
通　常
濾過
貯蔵
瓶詰め
火入れ
火入れ
火入れ
火入れ

濾過も、火入れも、割水もしていない、人の手があまり入っていないお酒です。名前から、新鮮で、濃厚で、荒々しい風味だろうから冷やして飲もうか、などと判断できるはずです。

ラベルが読めるようになると、日本酒選びがどんどん楽しくなります。

「生酛」「山廃」は押さえよ

ここ最近、伝統手法である「生酛造り」をする若手の造り手が増えています。天然の乳酸菌を使用する方法で、手間も時間もかかるのに、酒造りの原点回帰と真摯に取り組んでいるのです。さらに、一部の大手メーカーも、「生酛造り」を始めています。おそらくこの流れはしばらく続く、もしくは、いずれ本流になるかもしれません。注目したいですね。

また、生酛を簡素化した「山廃」も人気です。

「生酛」も「山廃」もラベルに表記されており、お酒の味わいにも大きく影響を与えます。お酒選びに役立ちますので、しっかり押さえておきましょう。

Mini column 02

昔は「生酒」は、火が通っていない分傷みやすいことから、日本国内であっても繊細な味わいを楽しむことが難しかったのですが、ここ数年、低温リーファーコンテナ(Reefer container)によって「生酒」を輸送できるようになったことにより、海外でも新鮮な味わいのまま「生酒」を飲めるようになりました。

香港中環にある「SAKE CENTRAL」も、「生酒」を味わえる海外のお店の一つです。ここは、飲食の他に、日本酒、おつまみ、酒器の販売、セミナー、ワークショップを行う新しいスタイルの日本酒バーで、連日香港在住の人々でにぎわっています。

驚きなのは、全国各地の「生酒」を日本で飲むのと同じくらい、いえ、もしかしたらそれ以上の新鮮さでお客さまに提供していること。

共同経営者の一人であるカナダ出身のエリオット・ファーバーさんは、日本酒と日本食に魅せられ、香港で数店の和食店を経営する若き経営者。メーカーからの信頼も厚い人です。

流通が発達したことだけではなく、日本酒を理解し、尊敬を持って日本酒サービスにあたっているため、すばらしい提供ができるのでしょう。

エリオットは日本人以上に日本酒を世界に広めてくれているのです。

⁂ 生酛

酒母造りにかかせない乳酸菌を、自然に取り込む伝統手法のことを「生酛」といいます。日本酒は、米を麹で糖に変化させ、それを酵母でアルコール発酵させることでできあがります。発酵に優良な酵母を繁殖させたものを「酒母」といい、その発酵のスターターとなります。

発酵中は雑菌に侵されやすいのですが、それら雑菌を殺す役目を果たすのが乳酸菌です。生酛はこの乳酸菌を自然に増殖させる手法です。

まず、蒸米と水と米麹と水を大きなタライのような入れ物（半切り桶）に入れ、丁字状の長い「櫂棒《かいぼう》」で、かき混ぜるようにすりつぶします。この作業を「山卸《やまおろし》」または「酛《もと》すり」といいます。蒸米の山を櫂ですりおろす、すりつぶすからこう呼ばれるのでしょう。

水を含んだお米と米麹をタイミングを見計いつつ、時間をおいて数回に分けてすりつぶさなくてはならないため、大変な重労働です。

この作業を、時間や温度を微妙に調整しながら何度か繰り返すと、ドロリとしたヨーグルト状になります。目には見えませんが、このドロリとした物体である酒母の中で乳酸菌が自然に繁殖しているのです。

乳酸菌は酒母室の床や壁や天井、人体などに生息しており、そこから自然に取り込まれ

生酛仕込みを行っている蔵元の人気銘柄・代表銘柄

大七　生酛　純米（大七酒造株式会社）

菊正宗　純米樽酒（菊正宗酒造株式会社）

初孫　純米本辛口 魔斬《まきり》（東北銘醸株式会社）

男山　生酛純米（男山株式会社）

龍勢　善七 生酛純米大吟醸 生酛仕込み（藤井酒造株式会社）

仙禽《せんきん》　オーガニック ナチュール（株式会社せんきん）

新政　No.《ナンバー》6《シックス》（新政酒造株式会社）

泉橋　山田錦 純米吟醸 生酛（泉橋酒造株式会社）

司牡丹　生酛純米 かまわぬ（司牡丹酒造株式会社）

ます。

酒造元が酒蔵を建て替える際、酒母室の壁板や床板だけは、古い蔵のものを使い続けることは少なくありません。これは、乳酸菌をはじめとした有用な酒造りの菌たちが、壁板や床板に生息していて、その菌を大切に使い続けるためです。

乳酸菌がしっかり働くことで雑菌が死滅し、安全に酒造りが進みます。

ちなみに、手間も時間もかかる生酛造りは、明治後期まで、全国すべての蔵元で行われていました。

しかし、明治43（1909）年に天然の乳酸菌ではなく、人工培養した乳酸菌を使用する手法が開発されました。これを「速醸酛《そくじょうもと》」といいます。失敗が少なく、時間も短縮でき、なにより安定した酒造りが可能になることから、「速醸仕込み」に切り替える蔵元が続出。

現在では、日本酒造りの9割がこの速醸酛で酒造りを行っています。

❖山廃／山廃酛

「生酛造り」の作業から、とくに大変な「山卸」「酛すり」を簡素化した酛造りの手法を「山廃」といいます。

「山卸の作業を廃止した酛造り」ということで「山卸廃止酛」と呼ばれ、略して「山廃酛」

「山廃」と呼ばれるようになりました。

「生酛」よりも格段に作業が軽減されましたが、自然の乳酸菌を使用するため、基本は生酛と同じく手間も時間もかかります。

明治42（1909）年、国立醸造試験所が「山卸」を行った酒母と行わなかった酒母とでは成分の違いがないことを発見。さらに溶けやすい米の開発や精米技術の向上とともに「米を麹で溶かす」という新手法を発表したことから、この「山廃仕込み」を始める蔵元が増えていきました。

その後、「速醸仕込み」に変える蔵元が続出しましたが、現在も、少なくない数の蔵元が山廃仕込みを行っています。

山廃仕込みだからこそ生まれる味わいを好む人たちがいるためです。

「生酛」「山廃」で造られたお酒は、天然の乳酸菌を使っているだけあって、いくぶん酸味を感じます。一方、「速醸」で造られたお酒は、比較的酸味が穏やかです。ただし、「生酛」「山廃」の酸度（数値）が極めて高いかといえば、そうでもありません。速醸と変わりない数値の「生酛」「山廃」も多く存在します。

また、本来、「生酛」「山廃」で造られたお酒は、うま味がありながらもすっきりとしたクリアな味わいで、中盤から後半にかけてしっかりとした骨格があらわれ、奥行きや深みなど立体感が感じられます。

ちなみに、「生酛」「山廃」で造られたお酒は、黄色や淡い茶色のような色がつき、味が濃くて、クセがあると思っている愛好家も多いのですが、これは間違いです。たしかに、そういうタイプの「生酛」「山廃」もありますが、それは造り手の商品設計として、濃い目に仕上げているか、熟成させているか、熟成酒をブレンドしているためです。「生酛」「山廃」仕込みだからそういう濃い酒になるのではありません。ここは重要です。

甘口・辛口は三つの数値で見極める

銘柄によっては、ラベルが表と裏など、二つ以上貼ってあるものもあります。

とくに裏ラベルには、先ほどお伝えした表示しなくてはいけないもののほか、味のヒントが表示されていることがあります。

ここでは、味のヒントを読み取るうえで大切な三つの数値についてお話ししていきます。

山廃仕込みを行っている蔵元の人気銘柄・代表銘柄

伝承山廃純米 末廣（末廣酒造株式会社）

菊姫 山廃純米（菊姫合資会社）

天狗舞 山廃仕込純米酒（株式会社車多酒造）

飛良泉《ひらいずみ》 山廃純米酒（特別純米酒）（株式会社飛良泉本舗）

浦霞 貳百八拾號《にひゃくはちじゅうごう》 木桶仕込み山廃純米酒（株式会社佐浦）

香住鶴 山廃 吟醸純米（香住鶴株式会社）

福千歳 福 山廃 純米大吟醸（田嶋酒造株式会社）

日本酒の好みを聞くと、「辛口のお酒が好き」と答える方が少なくありません。それゆえ、ラベルにも「辛口」と表示する銘柄が多くあります。

しかし、「辛口」が、どのくらいの辛さをイメージしているのか、また、どのくらいを「辛い」と感じるのかを言葉であらわすのは難しいものです。

「甘口」も同じでしょう。

実は、辛いだけの日本酒というものはありません。正確にお伝えすると、日本酒の味は、甘口、辛口ではなく、「甘味が多いか少ないか」で判断します。

日本酒はお米でできています。糖分を徹底的にアルコールに変えたとしても、お米ならではのうま味や甘さが必ず残ります。

それが日本酒の魅力でもあります。

つまり、その甘みが抑えめなのか、多いのか、その度合いを見分けることで、好みのタイプかどうかを見極めることができるのです。

甘さの度合いを示す数値は次のとおりです。

1　日本酒度

「日本酒度」はお酒に含まれる甘味成分の数値です。

日本酒度での味わいの見分け方

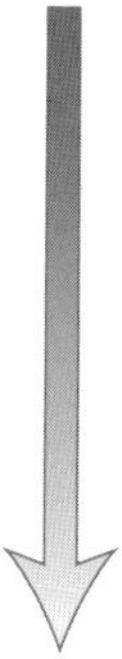

大辛口	+6.0 以上
辛口	+3.5 ～ +5.9
やや辛口	+1.5 ～ +3.4
普通	−1.4 ～ +1.4
やや甘口	−1.5 ～ −3.4
甘口	−3.5 ～ −5.9
大甘口	−6.0 以上

「＋3」「－6」などと表記され、数値がマイナスになればなるほど甘味成分が多く、甘くなり、プラスになればなるほど甘味成分が少なく、甘くないと判断できます。

日本酒度をあらわす数値は幅広く、マイナス100からプラス20まで見かけることができます。人気があるのはプラス1・5から3・4くらいの「やや辛口」のようです。

ちなみに、プラス20ともなると、本当に甘さが少なく、焼酎など蒸留酒のような味わいに近くなります（蒸留酒には甘味がありません）。

2 酸度・アミノ酸度

「酸度」とはお酒に含まれる酸の量、「アミノ酸度」とはお酒に含まれるアミノ酸の量を示す数値です。

日本酒には、乳酸菌を使って仕込むので乳酸、ほかにもコハク酸やクエン酸、リンゴ酸などが含まれています。

酸は、お酒のキレを、アミノ酸は、うま味やコクを生み出します。

「日本酒度」と、この「酸度」「アミノ酸度」の組み合わせによってお酒の味わいが変わります。

「日本酒度」がマイナスの数値（甘い）でも「酸度が高い」と甘くなく感じます。一方、

「日本酒度」がプラス（甘くない）でも「酸度が低い」場合は甘く感じます。

また、「日本酒度」がマイナス（甘い）でも「アミノ酸度が高い」場合は濃いものの甘くなく感じ、「日本酒度」がプラス（甘くない）でも「アミノ酸度が低い」場合は軽快でやさしい甘味を感じます。

複雑に思えますが、覚えておくと日本酒選びが楽になります。

3 アルコール度数

日本酒の「アルコール度数」は、平均15パーセント（度）前後です。

最近は、10パーセントを下回る「低アルコール日本酒」の開発が進み、銘柄が増えています。日本酒を飲みなれていない方、海外の方に好まれています。

日本酒は、アルコール度数が低いと甘くやさしく感じ、アルコール度数が高いとピリリと刺激があり辛く感じます。アルコールそのものは、高濃度になればなるほどトロリと甘く感じる性質なのですが、不思議ですね。

ちなみに、ビールのアルコール度数は、平均4・5から5パーセント、ワインは12パーセントほどとされています。

日本酒が醸造酒なのにアルコール度数が高くなる理由は、先にもお伝えしましたが、「並行複発酵」を行っているためです。同じタンク内で糖化とアルコール発酵を同時に行うとアルコール生成の効率がよいため、アルコール度数が高くなる傾向にあるのです。

「日本酒度」「酸度・アミノ酸度」「アルコール度数」についてお伝えしましたが、何より重要なことは、人によって感じ方は違うということです。

味覚は人それぞれ、どういう状態を甘いと感じるか、辛いと感じるかは違って当たり前だからです。自分にとってこのお酒は甘く感じるけれど、他の人にとっては辛く感じるようだ、などということはよくあることです。

また、吟醸酒のように香りが甘いお酒は、実際には甘味が少なくても甘く感じることがあります。

あくまで数値は、好みに合ったお酒と出会うためのヒント。上手に活用して、最終的には飲んでどうか、なのです。

「辛口ください」は「おいしいお酒をください」の意味

日本酒に辛口はないとお伝えしましたが、「辛口」という表現を使うことで味を伝えやすくなるのも事実です。

ラベルに書かれている用語からイメージできる香味の特徴

●**濃醇《のうじゅん》**	濃い味、重い味わい、こってり、コクがある、飲みごたえあり、甘いことも
●**淡麗《たんれい》**	淡い味、軽い味わい、あっさり、さっぱり、すっきり、クセがない、甘くないことが多い
●**生酒** **生貯蔵酒** **生詰酒**	フレッシュ、フルーティー、華やか、爽やか、甘いことも、後味に苦みを感じることも
●**無濾過**	にごりがあることも、濃厚、味が複雑、甘いことも、甘くないことも
●**大吟醸酒** **吟醸酒**	フルーティー、華やか、なめらか、お米のうま味、時に甘いことも
●**純米大吟醸酒** **純米吟醸酒**	フルーティー、華やか、少しコクがある、お米のうま味、時に甘いことも
●**生酛**	コクがある、酸味があることも、甘いことも、甘くないことも、非常に軽快なことも
●**山廃**	コクがある、酸味があることも、熟成感があることも、甘いことも、甘くないことも、非常に軽快なことも

日本酒唎酒師やソムリエは、「辛口ください」という言葉は「おいしいお酒をください」という意味だととらえ、さらに好みを聞き出し、希望に沿った銘柄をセレクトすべく努力します。

これから日本酒を選ぶときは、甘口、辛口だけでなく、香りや酸味、うま味、アルコール度数などについてもお伝えいただければ、より好みの味に出会える可能性は高くなります。

115ページのラベルに記されている用語からイメージできる香味の特徴と、よく使われる味わいの意味をまとめています。

ぜひ、こういった表現を使って、自分好みの日本酒と出会ってください。

日本酒の宝、熟成酒

日本酒には、華やかなお酒やさらりと飲めるお酒のほか、独特な個性を持つものがあります。

日本酒を熟成させた「熟成酒」もその一つです。

一般的に日本酒の熟成酒とは、製造後1年以上経ったものを指しますが、明確な定義はありません。「熟成古酒の普及と製造技術の向上」を主な目的として設立された長期熟成酒研究会では、「満3年以上、蔵元で熟成させた糖類添加の酒を除く清酒」としています。

日本酒のセミナーや資格試験の講習会では、フルーティーなお酒、すっきりクセのないお酒、お米のうま味のあるお酒、熟成したお酒の4種を用意し特徴の違いを見てもらうことが多いのですが、ほとんどの参加者は、熟成したお酒を飲むと顔をしかめ、嫌い、苦手などとおっしゃいます。

ところが、レーズンなどのドライフルーツを食べてから熟成酒をもう一度飲んでもらうと、参加者の方々の表情がみるみる変わっていきます。「おいしくなってびっくり」「こんな体験初めて」など大興奮（この体験からお酒と料理のペアリングにはまる人もいます）。

資格試験に臨むような人であっても、熟成酒の楽しみ方は未知のようです。

世界のお酒の価値をはかるファクターとしてもっとも重要なのは「熟成」だと、私は断言します。

ワインやウイスキー、ブランデーなど、「○○年もの」と熟成させてお酒を楽しむ文化は世界中で根づいています。そのため、外国の方にも、熟成日本酒は価値を感じてもらえ、好評です。むしろ、日本国内のほうが、熟成酒についてあまり理解が進んでいないようにも思います。熟成酒の価値をもっとＰＲしないと、世界から置いてけぼりになるかもしれません。

とはいえ、江戸時代までは、熟成した日本酒がもっとも価値のあるものとして庶民にも広く楽しまれてきました。新酒は「半製品」とされていたのです。しかし明治以降、富国強兵で突き進んできた日本国は、酒税徴収のためにお酒を早く売ることを奨励し、結果、できあがるまでに時間がかかる熟成酒が消えてしまったのです。

驚くことに、現在でも、日本酒業界内で熟成酒はよくない、お酒は新鮮なうちに届けるものだという考えが根強く残っており、近年まで熟成酒造りを行う蔵元は変わり者扱いされたりすることもありました。

また、新しいもの好きという日本人気質から、「新酒」を好む人も多く、なかなか熟成酒まで手を出す人がいないのが現状です。

日本酒の輸出が増え、海外で飲まれることが多くなった今こそ、熟成酒の魅力を見直すべきだと考えます。

先ほどお話しした講習会の参加者の方たちのように、「熟成酒は飲みにくい」と思いこんでいる人は少なくありませんが、ひと言で「熟成酒」と言っても、実は、いろいろなタイプがあるのです。

熟成酒造りを行っている蔵元の人気銘柄・代表銘柄

達磨正宗 二十年古酒（合資会社白木恒助商店）

花垣 調熟純米古酒（株式会社南部酒造場）

熟露枯《うろこ》大吟醸（株式会社島崎酒造）

笹の川 秘蔵純米 二十五年古酒（笹の川酒造株式会社）

白龍 純米大吟醸長期氷温熟成（吉田酒造有限会社）

独楽蔵《こまぐら》 悠《はるか》五年 純米古酒（株式会社杜の蔵）

黒龍 石田屋 純米大吟醸 熟成（黒龍酒造株式会社）

まず、熟成期間の違いです。

短いと軽やかですし、長いと重厚で個性的な味わいになります。精米歩合によっても変わります。米をたくさん削る大吟醸酒や吟醸酒はもともとクリアで雑味がないので熟成させてもあまり変化がなく、色は明るく透明で味も軽快な熟成酒になります。雑味が多いものは、その雑味が時間とともにさまざまに化学変化を起こし、「メイラード反応」という効果で琥珀色に変わり、香りや味も濃密で複雑になります。

続いて、もともと熟成を目的として造られる「元酒《もとさけ》」を熟成させたかどうかの違い。「元酒」から造ると、安定した熟成香味になり、複雑さや豊潤さ、より立体的で魅惑的な香味を持つようになります。

熟成を想定していなかったものの、時間が経ってしまい、結果、熟成されたお酒もあります。なかには、まろみや複雑味が出て元のお酒とはまた違った風合いになるものも見られます。

そもそもお酒には賞味期限がないので、どのお酒も、熟成させて楽しむことができます。極端にいえば、冷蔵庫に入れっぱなし、倉庫に置きっぱなしのお酒も「熟成酒」。

もし、そういうお酒があるならば捨てる前に一度味見をしてみるといいでしょう。なお、開封後はどのお酒もできるだけ早く飲んだほうがいいのですが、火入れタイプや濃醇タイプのお酒は比較的日持ちしますので、数日に分けて楽しむこともできます。

また、熟成酒は味が強くて個性的であることが多いので、食事の後半、できれば食後に飲むのがおすすめです。

チョコレートやバニラアイスとの相性は抜群ですし、和菓子ともよく合います。レーズンなどのドライフルーツやナッツがたっぷり入ったドライケーキも素敵です。

上質の紹興酒のような趣もあるので、麻婆豆腐やふかひれの姿煮などといった中国料理、スパイシーな風味があるものは、山椒たっぷりのウナギのかば焼きなどと一緒に楽しむのもおすすめです。

熟成酒の楽しみ方を知っている人は、そう多くありません。

ぜひ、会食などで日本酒を飲むときは、活用してください。セレクトした人の株も上がること間違いなしです。

シャンパーニュにも負けないスパークリング清酒

続いてご紹介するのは、最近人気の「スパークリング日本酒／スパークリング清酒」です。「発泡日本酒」「発泡清酒」ともいいます。

いまや、スーパーやコンビニでも買えるほど浸透しています。日本酒のスパークリングには定義がありません。シャンパーニュのように、気圧（泡の強さ）がどうで、甘さがどうで、品種がどうでなどといった決まりがないため、続々と新商品が出てきています。

できたての「にごり酒」が微炭酸であることから、この延長線上で商品化したものが少なくありません。

つまり、できたて、もしくはまだ発酵途中のお酒を瓶詰めすることで、瓶の中でも発酵が続き、ガスが生成され、それが栓を開けたときにシュワッとした泡となるのです。

発酵をどこで止めるかで、泡の強さ、アルコール度数、甘さ度合いを調整できます。にごり酒、新酒の延長ですから、「スパークリング清酒」と銘打たれた銘柄のほとんどは、多かれ少なかれ濁りがあります。

ちなみに「にごり酒」とは、澱が残っている酒のことです。淡いものから、どろりと濃いものまでさまざまあります。

濁ったお酒が世界中で許されるのは日本酒くらいでしょう。

輸入ビールやクラフトビール、自然派ワインの一部は酵母で濁っているものもありますが、シャンパーニュや通常のワイン、ウイスキーなどの蒸留酒が濁っていたら、商品としては一巻の終わりです。

ところが、日本酒の濁りは、むしろできたて、新鮮な証しとして歓迎されます。「かすみ酒」「泡雪」「おりがらみ」などと季節感や情緒ある名前がつけられ、粋なお酒となっているほどです。

濁りのないスパークリング清酒の開発を行っている人たちもいます。２０１６年に発足した「一般社団法人ａｗａ酒協会」です。同協会では、瓶かタンクで二次発酵を行い、外観は視覚的に透明であり、アルコール度数は10度以上、ガス圧は20度で３・５バール（0・35メガパスカル）以上という定義を設けました。まさにシャンパーニュを意識したものです。

にごり酒の新酒の延長ではなく、世界のスパークリングとわたり合う商品「ａｗａ酒」を創造したのです。延期になってしまいましたが、東京オリンピック・パラリンピックに先駆け、日本における国際イベントでの乾杯酒とすべく開発されました。

国家レベルの祭典での乾杯に、自国のお酒を使わないなんてありえません。２０００年の歴史を誇る伝統酒であり、最新技術で生み出されたスパークリング清酒です。

スパークリング清酒を造っている蔵元の人気銘柄・代表銘柄

一ノ蔵 発泡清酒 すず音

（株式会社一ノ蔵）

梵・プレミアムスパークリング

（合資会社加藤吉平《きちべえ》商店）

瓶内二次発酵酒 あわ 八海山

（八海醸造株式会社）

獺祭　純米大吟醸 スパークリング45
（旭酒造株式会社）

末廣　微発泡酒ぷちぷち
（末廣酒造株式会社）

南部美人 あわさけ スパークリング
（株式会社南部美人）

JAPAN'S PREMIUM SPARKLING SAKE
「CHIYOMUSUBI SORAH」（千代むすび酒造株式会社）

スパークリングの魅力は、乾杯酒としてだけでなく、そのさわやかさ、軽やかさから日本酒初心者であっても飲みやすいという点でしょう。

スパークリングは口あたりやのど越しがいいうえに、低アルコールで甘酸っぱいものが多く、女性や日本酒に不慣れな方が好む味になっています。日本酒未経験の外国の方々にも好評です。

また、炭酸ガス注入方式ならば、お手頃に楽しめるという魅力もあります。

スパークリング清酒の製造方法はさまざまありますが、大きく次の三つに分けることができます。

1　瓶内二次発酵

シャンパーニュに代表される造り方で、タンクで製造したお酒を瓶詰めし、そこに発酵途中の同じお酒、または酵母や糖を添加し、瓶の中でゆっくりと二次発酵させる手法です。きめ細かく持続性のある泡を楽しめます。

また、瓶ではなくタンクで行う簡易な手法もあります。

2　活性にごり酒の延長

発酵途中のお酒を瓶詰めすることによって、密閉された瓶の中でも発酵が続くことで瓶内に炭酸ガスが生成されます。にごり酒の延長で、やさしい泡で軽やかな味わいになります。

3　炭酸ガス注入

できあがったお酒に炭酸ガスを注入します。一番時間がかからず、コストがかからないうえに、失敗するリスクもないため、お手頃な商品になります。

なにかと独自の言葉を使う日本酒ですが、意味を知っておくことで日本酒選びにも、会話にも役立ちます。ビジネスパーソンとして、身につけておきましょう。

得る機会がないことになると断言します。

　海外で暮らす人でもこの気づきがあれば、それが教養となり、そこから日本酒の魅力を広く伝えていただけるはずです。日本酒がトレンドだということは重要ではなく、とにかく楽しいものであるということをまずは知ってもらいたいと言葉は熱を帯びます。


「うちは、石高（生産量）が少ないのですが、50年分の日本酒があります」とは、なんという素晴らしい言葉。こんなふうに言える蔵元はほぼいないでしょう。

　滋里さんは「熟成酒は鎌倉から江戸まで長く飲まれていましたが、酒税徴収のためその習慣が途絶えてしまいました」と説明してくれますが、現代に半世紀分の熟成酒があるなんて、まさに日本の宝といえます。

「最近は海外から高く評価され、ＳＮＳなどを通じて海外からのオファーや輸出先が増えており、いつも10カ国ぐらいから、少しずつ、切れずに注文をいただいています」と声が弾みます。

達磨正宗 十年古酒
香港の日本酒鑑評会 TTSA
で優勝したことも

女性らしい感性やアイデアも販売に活かされています。熟成酒は冒険してみるかいがあるお酒。古酒ハイボールや古酒モヒートなどびっくりするほどおいしいですし、アイスクリームにかけるお酒も販売しています！　食事にあわせることがともかくいちばん！　ピザにはワインがあるように、日本酒に合う定番料理がいろいろあるので、飲み手をわくわくさせてくれます。

コラム
蔵元4

合資会社白木恒助商店《しらきつねすけしょうてん》

名称	合資会社白木恒助商店《しらきつねすけしょうてん》
所在地	〒501-2528 岐阜県岐阜市門屋門61
TEL	058-229-1008
創業	天保6年　(1835年)
ウェブサイト	https://www.daruma-masamune.co.jp/
代表のお酒	達磨正宗　十年古酒

熟成古酒で真っ先に名前が挙がるのが岐阜の「達磨《だるま》正宗」です。醸造元である白木恒助商店の代表は白木滋里さん。男性が多い日本酒業界で奮闘している女性蔵元です。

「昔、日本酒は古くさいオヤジの飲みもので、日本の文化であるという認識はあまりありませんでしたが、ここ最近イメージが変わっています。いちばんの変化は外国の方が日本酒を好きになってくれたことでしょうね」とは冒頭のお言葉。

また「酒造りの季節に農家などから杜氏が蔵にやってきて酒造りをするという時代から、蔵元自らが酒造りをするようになったことで、お客さんに情熱をもっておすすめできるようにもなりました」とおっしゃいます。現在、蔵元杜氏でもあるご主人とともに滋里さんも酒造りを行います。

造る際は、「日本酒は楽しい、おいしい」と思ってもらえることを意識するそうです。そこから日本酒の歴史や造りにも興味を持ってもらえれば、日本酒のすばらしさを実感するはずです。日本酒を知らないということは、楽しい気づきを

白木恒助商店 代表　七代目当主 白木滋里さん

どれを飲んだらいいのかわからないお客さまには、飲みくらべお試しセットが人気。なにせ昭和50年からヴィンテージが揃いますし、各年のラベルにその年にあった出来事を書いているので、贈りものとして「時間」をプレゼントできると評判だそうです。

近年は、海中熟成酒を行っており、今年は日本酒150本、梅酒150本を海中に沈めたそうです。これからも古いトンネルや地下鉄熟成などさまざまなストーリーを持った熟成酒造りにチャレンジしていきたいとのことでした。

熟成酒にかかわらず、日本酒は、接待や会食、歓送迎会などでも必須なので、飲み比べなど経験し、自分好みのお酒を見つけてもらいたいとおっしゃいます。「（お酒の席では）押しつけることなく、食べものとの相性をさりげなく教えてくれる人はすてきですよね。また、お水（和らぎ水）をすすめてくれる人も大事！」とも。

最後に、「うちの蔵のお酒は熟成させていますので、買ったらすぐ飲まないといけない、新鮮なうちに飲まないといけないといった心配は必要ありません。熟成したお酒は魅力満載です。人間と同じように（笑）」と締めくくってくださいました。熟成酒、飲んでみたくなりますよね。

第4章

知っていると一目置かれる日本酒の歴史

サムライが造っていた日本酒

学校で学ぶ歴史は苦手だったけれど、ワインを知って世界史がおもしろくなったというワイン愛好家は多いものです。同じように、日本酒を知ると日本の歴史ががぜんおもしろくなってきます。

それこそ、神話に出てくるような時代から、お酒は日本人の生活とともにあったことがわかりますし、戦争とも深い関係があります。日本酒を楽しむ席で、ちょっとした歴史的エピソードに触れることで会話も広がります。外国の方に「このお酒はサムライが造っていた」と話すと目を輝かせ興味を持ってくれます。

日本酒の歴史を知ることは、日本の伝統や文化、技術の発展を知ることに通じます。

科学技術が発達していない時代から、人々はさまざまな工夫、試行錯誤を繰り返しながら、とても複雑な工程でお酒を仕込み、とてつもなく高度な発酵技術を駆使して酒造りを行ってきました。その文化を連綿と今に引き継ぎ、伝統を守りつつ、進化を続けています。

ここでは、日本酒が生まれた2000年前からの歴史を、ポイントをしぼって紹介します。時代ごとのトレンドを知ることで、日本酒の未来も見えてくることでしょう。

縄文人はワインを飲んでいた!?

米のお酒を生み出す稲作文化は弥生時代からといわれます。その前の縄文時代には、何を飲んでいたのでしょうか。答えはワインです。もちろん今私たちが飲んでいるワインとは違う、いわゆる果物のどぶろくのようなものです。

1958（昭和33）年長野県八ヶ岳で発見された縄文遺跡から、ヤマブドウの種が付着した縄文土器が見つかり、その周辺状況から果物やそのジュースを保存していたものだろうと見られました。ジュースは自然に発酵しますから、保存していたジュースを飲んでいるうちに気持ちよくなり、酔っぱらうなんてこともあったかもしれません。その経験から人々は、だんだんと人為的にジュースを発酵させるようになり、次第に仲間で飲みかわす楽しさを知ったはずです。

大規模縄文遺跡として知られる青森県三内丸山遺跡では「ニワトコ」「キイチゴ」「サルナシ」などの種子が大量出土しています。ヨーロッパではこれらの果物からワインが造られていましたから、これは言わずもがな、ですね。

猿が木の幹や岩の穴などに果物を保存し、それが自然発酵した「猿酒」の話を聞いたことがある人も多いでしょう。「猿酒」を人間が飲んで酔っぱらったなどという話もありますが、縄文時代のどぶろくも同じようなものだったかもしれませんね。

酒を「醸す」は「噛む」が由来

3世紀、中国で編さんされた日本（倭）の生活や文化、習慣などを記した歴史文献『魏志倭人伝』には、「喪主泣シ、他人就ヒテ歌舞飲酒ス」「父子男女別無シ、人性酒ヲ嗜ム」といったお酒に関係する記述があり、その頃すでに倭の国ではお酒を飲む習慣があったことがわかります。

『大隅国風土記』（713年～）は、現在の鹿児島県東部、大隅半島あたりで営まれていた習慣を書き残した生活白書ですが、ここには村の人々が米と水を口に含み、噛み砕いて（瓶や壺に）吐き出したものを一晩おいて（発酵させて、）お酒にしたという記述があります。

これを「口噛《くちか》み酒」といいます。

唾液の酵素であるアミラーゼ（ジアスターゼ）で米を糖化し、野生酵母によって自然発酵させる究極にプリミティブな醸造方法です。お酒を造ることを「醸《かも》す」といいますが、この語源は「噛む」といわれています（諸説あります）。

「口噛み酒」は、大人気映画、新海誠監督作品「君の名は。」でも登場しています。『播磨国風土記《はりまのくにふどき》』（713年〜）には、口噛みの作業を行うのは巫女《みこ》に限られると書かれています。まさに映画の「君の名は。」はこのことを踏襲していたわけです。酒造りの仕事の原点は女性であったともいえるわけです。

同記には、干した米にカビが生え、それをもとにお酒を造ったことが書かれています。さらに、『古事記』（712年完成）には、「周の時代に開発された麹による酒造りを百済《くだら》から渡来した百済人の須須許理《すすこり》が加無太知《かむたち》を伝承し、これで大御酒《おみき》を造り献上した」と書かれています。この「かむたち」は「麹」のことで、この時代にはすでに米麹を使い、酒造りが行われていたことがわかります。

ほかにも、『日本書紀』（720年完成）や『万葉集』（7〜8世紀）などの文献にも、お酒に関する記述が見られます。

ちなみに、「麹」という文字は中国からきました。「こうじ」を示すもう一つの文字「糀」は日本で生まれた「国字」です。文字を見ても麦がベースなのか、米がベースなのかでイメージできるところがおもしろいですよね。

また、「酒」という文字は、酒壺をあらわす「酉」に、液体をあらわす「さんずい」がついて「さけ」と読みます。「酉」は、「醤油」「酢」「味醂《みりん》」「焼酎」など発酵に関わるものに多く使われます。現代では日本酒のことは「サケ」と発音しますが、古くは、「サ」「ササ」「キ」「ミキ」「ミワ」「クシ」などとも呼ばれていました。

ゴジラを退治した「ヤシオリ作戦」もお酒の神話から

『古事記』や『日本書紀』には、お酒造りにまつわる神様がたくさん登場します。

たとえば、お米を使ってお酒を醸したのは神吾田鹿葦津姫《カムアタカシツヒメ》、酒造りを伝えたのは少彦名神《スクナヒコナノカミ》です。

もっとも知られているのは、日本酒の発祥の地ともいわれる出雲の神話で「須佐能乎命《スサノオノミコト》による八岐大蛇討伐《ヤマタノオロチ》」のお話でしょう。八つの首を持つ化け物大蛇「ヤマタノオロチ」の餌食になろうとしている櫛名田比売《クシナダヒメ》を助けるため、「スサノオノミコト」は、何回も醸しを繰り返した濃度の高いお酒「八塩折之酒（ヤシオリの酒）」を「ヤマタノオロチ」に飲ませ、泥酔しているすきに八つ裂きにし、みごと退治します。この神話は出雲をはじめとした全国の神楽《かぐら》の演目にもなっています。

実はこれも人気映画に取り入れられています。庵野《あんの》秀明脚本・総監督作品映画「シン・

「ゴジラ」の中で、ゴジラを倒す際に用いられた「巨大不明生物の活動凍結を目的とする血液凝固剤経口投与を主軸とした作戦」の通称が「ヤシオリ作戦」でした。難しい言葉が早口で飛び交うセリフに、ヤシオリというワードが聞き取れます。ヤシオリがわかると、映画をより深く楽しむことができそうです。

もう一つ、有名なお話があります。

太陽の神である天照大御神《アマテラスオオミカミ》が、弟のスサノオノミコトがあまりにも暴れん坊なことを悩み、天《あま》の岩戸《いわと》に引き籠ってしまった際、天鈿女命《アメノウズメノミコト》らが、岩戸の前で、飲めや歌えの宴会を開いたところ、アマテラスオオミカミが気になって顔をのぞかせたことで、世界に太陽が戻ったというものです。神様でさえ、楽しげなパーティーは気になるのですね。

ほかにも、お酒が好きな鬼の話があります。京都丹波《たんば》、奈良、滋賀伊吹山、新潟など全国に残る伝説、『酒呑童子《しゅてんどうじ》』は、親に捨てられた孤児が悪事を働き鬼となってしまったとか、絶世の美少年が女性に振られて、その恨みから鬼になったとか、スサノオノミコトとの戦いに敗れたヤマタノオロチが落ち延び、人間の女性に産ませた子どもだなど、諸説あります。ちなみに「酒呑童子」はお酒の名前にもなっています（ハクレイ酒造株式会社　京都）。

人気漫画『鬼滅の刃』（吾峠呼世晴作／2016年「週刊少年ジャンプ」で連載開始、2019年アニメ化）を彷彿《ほうふつ》とさせます。

米の酒の始まりは？

中国より稲作が伝来した約２０００年前の弥生時代から、日本酒の歴史が始まります。１９４３（昭和18）年に発見された静岡県の「登呂遺跡」は、田んぼや家々がみごとに整備された「集落」ができていたことを示しています。米の収穫の多寡《たか》が集落（村）の規模に関わり、豊かになった村には豪族が生まれ古墳文化に発展していきました。２０１９年ユネスコの世界文化遺産に登録された「百舌鳥《もず》・古市古墳群《ふるいちこふんぐん》」も豊かな稲作文化や酒造文化があったエリアとされています。

飛鳥時代から奈良平安時代にかけて稲作が全国に広がり、安定した農業が行われるようになりました。それとともに、税制度や土地制度、そして律令制度が確立されていきます。その中には、造酒司《さけのつかさ》（「みきのつかさ」ともいう）という役所も設けられ、米やお酒は税の対象となっていきます。

平安時代中期の法律などを綴った『延喜式《えんぎしき》』には、酒造りに関わる記述がたくさんあります。「米」「麹」「水」でお酒を仕込む方法や白いにごり酒の「白酒《しろき》」や灰を入れて黒くした「黒酒《くろき》」、お燗で飲むこと、夏には甘く濃厚なお酒をオン・ザ・ロックで飲むなんてことまでも出てきます。今よりずっと自由でフレキシブルな製造技術や楽しみ方があったことがわかります。

同じ頃、ヨーロッパではワイン造りが発展。ワインの造り手は僧侶たちが主でした。日本でも同じように僧侶たちが酒造りに関わることがありました。それが「僧坊酒《そうぼうしゅ》」です。寺院やその敷地で醸造されたお酒で、さまざまな研究が重ねられたことによって、高品質で、高い評価を受けていたといいます。

現在行っている、精米してからお酒にする「諸白《もろはく》」という手法が生み出されたのもこの時代です。玄米で醸すよりもずっときれいで軽快でおいしいお酒になることがわかり、その後、どんどん広まっていきました。

天野山の「天野酒《あまのさけ》」、奈良、平城の「菩提泉《ぼだいせん》」は当時からおいしいことで有名で、奈良の菩提山正暦寺《しょうりゃくじ》は酒母の原型である「菩提酛《ぼだいもと》」をはじめたことから、「日本清酒発祥之地」とされ、碑もあります。また、奈良の「大神《おおみわ》神社（別名、三輪神社）」は古来お酒造りの神様として信仰されており、日本最初の杜氏とされる「高橋活日命《たかはしいくひのみこと》」も摂社として（活日《いくひ》神社に）祀られています。

神に仕える人々がお酒造りを行ってきた影響は、今の生活でも色濃く残っています。たとえば、「乾杯」「献杯」は、「神様や祖先、亡くなった人への思いや敬意」を表したことが最初です。また、結婚式や建物の完成時など、人生に関わる大きな出来事の際には神様に御神酒《おみき》をお捧げし、これからの幸せや安全を祈念します。

いつの時代も、神事とお酒とはともにあるといってもいいでしょう。

平安時代末期から鎌倉、室町時代にかけて、日本酒の醸造技術は飛躍的に発展します。南北朝から室町初期に編さんされた『御酒之日記《ごしゅのにっき》』によると、化学的な情報など何もないこの時代に、安全に醸造させるため、麹と蒸米と水を2回に分けて加える「二段仕込み」が行われていたことや、雑菌を殺す乳酸発酵、お酒を澄ませる木炭の使用などが明記されています。

室町時代から江戸時代初期までの140年間にわたる僧侶たちの生活を書き残した『多聞院日記《たもんいんにっき》』には、火入れ（加熱殺菌）、段仕込み、大量生産の技術に関しての記載があり、この頃に現在の清酒造りの原型がほぼ整ったことがわかります。

また、織田信長の「楽市楽座」に見られるように、農業とともに商業が盛んになり、お酒が商品として流通し始めます。それにともなって、醸造技術が向上しました。味わいがよくなれば、欲しがる人も増えます。市場原理が日本酒の世界にも入り込んできたのです。

商業が栄えた京都を中心に「造酒屋」が隆盛し、この頃の文献には「柳酒屋」「梅酒屋」

Mini column 03

日本には、お酒の神様を祀った酒神神社がたくさんあります。

その中でも、大神神社（奈良）、梅宮《うめのみや》大社（京都）、松尾大社（京都）は「日本三大酒神神社」として知られています。

奈良県桜井市の三輪山にある大神神社は、日本最古の神社とされ、大和朝廷時代から酒造りを担ってきました。神社のご神体でもある三輪山は「三諸山《みもろやま》」と呼ばれてきました。「みむろ（実醪）」とは“酒のもと”を意味しています。

京都市右京区の梅宮大社は、酒造の守護神「酒解神（サケトケノカミ）」が祀られています。

同市西京区にある松尾大社は、全国に 20 以上ある松尾神社の総本山で、鳥居をくぐったところには、「日本第一酒造之神」と記された碑があり、酒造関係者の信仰を集めています。

また、出雲にある松尾神社は「佐香《さか》神社」とも呼ばれ、全国から出雲大社に集った八百万の神々にお酒を醸し振る舞った久斯之神《クスノカミ》が祀られており、今でも、年一石（１８０リットル）の酒造が許可されています。ここを日本酒発祥の地とする説もあります。

といった人気酒屋の名前が残っています。

ちなみに、現存する日本酒メーカーでもっとも古いところは、1141（永治元）年創業の須藤本家（茨城県笠間市）です。平清盛が太政大臣になり、後鳥羽天皇が即位した頃から続いているのですから、すごいことです。600年前、700年前から酒造りを行っているメーカーは多くあります。

インタビューでもご登場いただく菊正宗酒造は、灘地域に行幸した後醍醐天皇（1180～1239年）にお酒を献上し喜ばれたという話が言い伝えられているそうです。日本酒業界には世界にも誇れる長寿老舗企業がたくさんあるのです。

ちなみに、この頃、異国文化の到来とともに、蒸留技術が伝播《でんぱ》し、日本における蒸留酒（焼酎）造りの原型ができました。高温多湿の九州や琉球王朝では、醸造酒ではなく蒸留酒が発達していきました。

最初は飲むためではなく、消毒薬をはじめとした薬だったといわれています。国盗り戦争真っ盛りのこの時代、常に刀を所持する侍たちは、焼酎が手放せなかったのかもしれません。

時代劇のよし悪しは酒の演出でわかる

江戸時代は、酒造りの技術開発が活発に行われ、酒造業が産業基盤として成立した時代です。元禄11（1698）年には全国に2万7000場もの酒造場があったと記録されています。ちなみに、2018年は1580場ですから、いかに多かったかがわかります。18世紀に創業し、今もなお醸造を続けている蔵元は250超（2017年。焼酎の蔵元含む）あります。

江戸時代を舞台とした時代小説や映画やドラマ、舞台の時代劇などでもお酒はよく取り上げられています。それほどこの時代にはお酒が身近なものになっていたということでしょう。

この時代に全国に広まった酒造りに関わる技術革新は7つあります。

1 寒仕込み

冬場、もっとも寒い時期に仕込む「寒仕込み」が、きれいで洗練された香味になることがわかりました。今でいう低温長期発酵です。

2　杜氏制度の確立

冬場に人員確保しやすいのは、春から秋は忙しいものの、収穫を終え、冬は時間がある農民たちです。杜氏をトップとし、蔵人たちで役割分担するという効率的な仕組みで行っていました。優秀な酒造技術を持つ集団が各地に生まれ、南部杜氏（岩手）、越後杜氏（新潟）、丹波杜氏（兵庫）など、今も受け継がれています。力仕事が多いなど、さまざまな理由から女人禁制とされました。

3　保存性を高めるための「火入れ（低温加熱殺菌法）」

『多聞院日記』にも記載がありましたが、この手法が全国レベルになったのが江戸時代です。今、世界的に用いられている低温加熱殺菌「パストリーゼーション」をすでに全国各地で当たり前に行っていたということはどこか誇らしく思えます。

4　アルコールを添加する

悪玉乳酸菌である「火落ち菌」による腐敗の危険を避けること、お酒の歩留《ぶど》まりをよくすること、さらには香りや味を調えることを目的として醸造アルコールを混ぜる方法です。「柱焼酎」と呼ばれています（69ページ参照）。これでより安全に酒造りが行われるようになりました。

5 水の重要性が認識された

1830（天保10）年、灘で酒造りを行っていた櫻正宗《さくらまさむね》（現櫻正宗株式会社）六代目当主山邑太左衛門《とうしゅやまむらたざえもん》は、西宮郷で造るお酒が格段に品質がいいことを不思議に思い、研究したところ、西宮郷の水質が優れていることを発見しました。「灘の宮水」のことです（57ページ）。

この「宮水」は、発酵に有用なミネラルが豊富に含まれ、有害とされる鉄分やマンガンがほぼ含まれていません。現在のような研究技術がない中、このことに気がついたことには驚かされます。

1995年の阪神・淡路大震災の際、ニュースでよく取り上げられていた、地震によってグニャリと崩れ落ちたあの高速道路の真下に、この宮水の水脈があるそうです。一時は宮水も危険な時期がありましたが、今では昔のとおり滾々《こんこん》と湧き出ているとのことです。

6 「清酒」、つまり濁りのない「澄み酒」の開発

酒粕を沈め、上澄みをとるだけではなく、木炭を利用した活性炭による濾過を行うよう

になりました。これも驚くべき発見です。それまでは濃厚な味わいのどぶろくやにごり酒が主流でしたが、すっきりと軽快でよりソフィスティケートされた香味のお酒になったのです。濁りがないので「清酒」、この名称はこの時代にできました。時代劇もこの時代以前が舞台になっている場合、お酒は濁っているのが「正解」となりますね。

7 三段仕込みの定着

室町時代初期は二段仕込みをしていましたが、江戸時代に3回に分けて仕込む手法がメインとなり、定着していきました。現在の酒造りの基本手法です。

江戸時代には、現代にも引き継がれているさまざまな文化や技術が生まれましたが、日本酒もその一つであることをぜひ知っておいてください。

「くだらない」の語源は日本酒から

江戸時代は日本酒が大発展を遂げた重要な期間です。

とくに江戸中期は、海運業を主とした流通の発達、巨大な装置産業へと発展したことは、注目すべきことでしょう。樽廻船、菱垣廻船、北前船などと呼ばれる海運業の隆盛を受け、灘をはじめとした上方のお酒が台頭しました。

北海道から日本海、そして瀬戸内を経て、上方を通り、最終の江戸へ運ばれていたことから、上方から送られる物資は「下《くだ》りもの」と呼ばれていました。

上方で積み込まれるのは「灘《なだ》の生一本《きいっぽん》」。灘は良質の米の産地である播磨を隣に持ち、冷たい風が吹き下ろす「六甲おろし」が自然の寒仕込みを促す場所、さらにはお酒造りに適した「宮水」が潤沢にあります。とにかく良質のお酒が生まれる条件が揃っているのです。

さらに、六甲山から流れる急流を使い、水車の設備が整えられたことで精米技術が著しく発達します。これが「装置産業」を発達させた大きな要因です。

そのうえ、灘の目の前は使い勝手のいい港があります。

これ以上いい条件が揃う場所があるでしょうか。これらの条件で醸される「灘の生一本」は、骨格と品格を兼ね備えた飲みごたえのあるお酒になります。

とはいえ、できたてのお酒は粗さも目立ちますから、ひと夏寝かせた頃が飲み頃となりました。新酒は吉野の杉樽に入れられ、樽廻船で紀伊の国から駿河を経由し、江戸に運ばれます。江戸に着く頃には杉樽の影響で得もいわれぬ香味の酒となり、舌が肥えた江戸庶民に絶大な人気を得るようになります。上方から江戸に下ってくる酒として「下《くだ》り酒」と名前がつきました。ここから、おいしくないもの、よくないもののことを「くだらない」というようになったのです。

なお、灘の生一本が比較的しっかりと骨太に仕上がることから「男酒」と呼ばれるのに対して、京都伏見のお酒は、やわらかな軟水仕込みで、しなやかでなめらかな味わいから「女酒」と呼ばれ同じく人気を博しました。

「一升瓶」「山廃」を生み出した明治維新

日本という国の在り方が大きく変わったといえば、やはり明治維新でしょう。

鎖国を解き、世界を敵にした戦争が始まると、日本酒業界もさまざまな影響を受け始めました。

明治新政府は富国強兵策のもと税金の徴収を強化し始めます。「酒税」もその対象となり、まず自家醸造は「密造」とされ完全に禁止になります。

明治15（1882）年には、酒造場が1万6000場、生産量は55万キロリットル弱との記録があります。この頃、酒税はすべての税の30パーセントを占める財源となり、酒造りがより一層奨励されるようになります。大正8（1919）年には生産量が140万キロリットルになっています。

また、熟成させる時間が惜しいと、造り立てのお酒をどんどん市場に出し、消費させるようになり、熟成酒がだんだんと消えていったのもこの頃です。高貴な人から庶民まで広く愛飲されていたのに、明治以降ほとんど見ることがなくなりました。驚くべきことにそれはつい最近まで続いていました。

日本酒造りが奨励されることにより、よい変化もありました。新しい技術や道具、機械が投入されたのです。

たとえば、「一升瓶」。それまでは木樽や桶、甕《かめ》や壺などに入れ、量り売りをされていたのですが、明治32（1899）年にはガラスの一升瓶を使った商品が発売されました。「一升」「一合」などの量り方ができたのもこの時代です。

酒造りの道具として使用していた木樽もホーロータンクが使われるようになります。雑菌の繁殖を抑えられるとして、画期的な素材でした。

化学理論を基にした醸造技術の飛躍的な発達もこの頃です。

明治37（1904）年に国立醸造試験所が開設されたからです。先ほどお伝えした「山廃」仕込みの技術もこの国立醸造試験所で生まれました。

酔えればいいお酒が必要な時代に

昭和時代に入り、第二次世界大戦が勃発。人々の生活が厳しくなるとともに、日本酒業界にも暗い影を落とします。

食べる米がないくらいですからお酒のための米はもっとありません。それでも人々はお酒を求めます。戦争からの現実逃避も、少なからずあったことでしょう。

こうした特殊な状況の中で開発されたのが「三増酒《さんぞうしゅ》」と「合成清酒」です。「三増酒」は、昭和24（1949）年、戦後の米不足の折に出回った醪に醸造アルコールを足し、甘味、酸味、うま味成分などを添加して味を調えた飲料です。元のお酒の約3倍に増量されるため「三倍増醸清酒《さんばいぞうじょうせいしゅ》」、略して「三増酒」と呼ばれました。

2006年の酒税法改正により、清酒は、副原料の使用量が白米重量の50パーセント以下に変更されたため、3倍に増量したものは清酒とは呼べなくなりました。実際に見かけることはほぼないといってもいいでしょう。

しかし、醸造アルコールの使用量は白米1トンあたり280リットル以下という法規定もあり、この添加量をアルコール添加率にすると約45パーセントになるので、実質、2倍醸造のお酒、つまり「三増酒」は市場に存在し、「清酒」と名乗ることができます（ただし、「特定名称酒」（88ページ参照）ではなく「普通酒」というカテゴリーになります）。

「合成清酒」は文字どおり、アルコールに、甘味、酸味、うま味成分などを合成して清酒のような香味にした飲料で、ベースも日本酒ではありませんし、お米もほとんど使っていません。

「合成清酒」は現在も市場にありますが、酒税法上の「清酒」ではありません。

これらのお酒は、一部、悪酔いの代名詞のようになっていますが、戦争中、戦後の厳しいとき、多くの人々の心を癒していたことでしょう。

酔うためのお酒が必要な時代もあったのです。

日本酒業界に押し寄せる激動の波

第二次世界大戦後、日本が驚くべき速さで復興を成し遂げていく中、日本酒業界も変化していきます。私自身の記憶、経験を踏まえながら、お話ししていきましょう。

好景気になるとともに、日本酒の消費も伸び、昭和48（1973）年には、国税庁発表の課税数量が170万キロリットルとなります。

しかし、ここをピークに日本酒の消費はどんどん減少していきます。平成元（1989）年には140万キロリットル、平成15（2003）年には84万キロリットル、平成30（2018）年には49万キロリットル。ピーク時の4分の1ほどに減っています。

また、酒造免許を所持するメーカー数は、昭和30年代には4021場あったのが、平成15（2003）年には2024場に、平成30（2018）年には1580場と激減しています。免許はあるものの、酒造りをしていないところも少なくありません。

元禄11（1698）年には全国に2万7000場、明治15（1882）年には1万6000場あったことを考えると、昔は、家庭レベルの小さな造り手がたくさん存在していたことが想像できます。

もちろん、簡単に比較することはできませんが、それでも日本酒メーカーが減少している状況は明らかです。

酒造メーカーが減少した理由は、ひとえにほかに飲むべき酒類が増えたからでした。

一般家庭用の冷蔵庫が普及したことでビールの消費が飛躍的に伸びたこと、また、1964年の東京オリンピック、1970年の大阪万国博覧会の影響で洋食文化が入ってきたのとともにウイスキーやワインなど、〝洋酒〟が市民の生活に浸透してきました。

また、焼酎の台頭も目覚ましいものがありました。

芋焼酎や麦焼酎は飲みにくいとされていましたが、「いいちこ」「吉四六《きっちょむ》」などの大分麦焼酎に代表されるクセがなくすっきりしていて飲みやすいものが知られるようになり、格安な甲類焼酎（※1）をさまざまな割材で割るチューハイブームも到来。日本酒以外に酔えるアルコールがどんどんと市場に広がってきました。

バブル期に入ると、カフェバーでは高級バーボンが、高級フレンチやイタリアンではブランドワインが、ディスコ（クラブ）ではシャンパンが消費されるようになり、さらに日本酒には厳しい状況に陥ります。

私がワインコーディネーター、ソムリエとしてキャリアを始めたのはちょうどこの時期だったのですが、さまざまな経験をさせていただきました。

「ロマネ・コンティ」をはじめとしたブルゴーニュの銘醸ワインやボルドーワインの最高峰五大シャトー（※2）の飲み比べ、有名ワイナリーのオーナーとの会食、ワインオークショ

※1　甲類焼酎　単式蒸留器で造られる原料の風味が活きた伝統焼酎を「乙類焼酎」「本格焼酎」と呼ぶのに対し、連続式蒸留機で造られるクセのない飲みやすい焼酎を「甲類焼酎」と呼びます。

※2　五大シャトー　フランス、ボルドーの超銘醸ワインで、1855年パリ万国博覧会時に世界に向け公開されたボルドー・メドック格付け61シャトーの第一級に君臨する5つのワインメーカー、「シャトー・ラフィット・ロートシルト」「シャトー・ラトゥール」「シャトー・マルゴー」「シャトー・オー・ブリオン」「シャトー・ムートン・ロートシルト」。

ンへの参加、世界のワイナリー巡りなど。これらの経験は、今の活動においても身になっています。

そんな中、日本酒はというと、ワインの華やかさに押され、陰に隠れてしまっていました。日本酒特有の味わいを、「おいしくない」「まずい」などと言う人も少なくなく、あまりよいイメージがありませんでした。

とはいえ、グルメ情報の中には、日本酒の良さを伝えるものもありました。とくに、「淡麗辛口」の本家本元、新潟系の本醸造酒です。「越乃寒梅」「久保田」「八海山」など、一時は「幻の酒」ともいわれプレミアム価格で取り引きされたこれらの銘柄は、すっきり辛口、後味も軽く、飲みやすいことから、大人気となり、「地酒ブーム」「幻の酒ブーム」といわれました。

また、１９６０年代より全国の酒造メーカーで竪型式精米機が広く使われるようになり、精米技術が格段に進歩したことから、非常にクリアな味わいの日本酒を造ることができるようになりました。お米を磨けば磨くほど味がよくなるとともに、高額になっていきましたが、バブルという社会背景もあってか高額なお酒ほど売れていきました。

この頃開発が進んだ「吟醸酵母」も日本酒にとっていい影響をもたらしました。「吟醸酵母」を使うと、ワインのようにフルーティーな味わいになることから、「吟醸酵母」を使っている「吟醸酒」「大吟醸酒」の人気が高まっていきました。山形「出羽桜」、静岡「磯自慢」、長野「真澄」、熊本「香露」、宮城「浦霞」などが知られるところです。また同時期、地方で愛される名門メーカーの〝地酒〟も注目されました。高知「司牡丹」、京都「月の桂」、山形「大山」、茨城「一人娘」、熊本「美少年」などが有名です。

バブル期は、消費者が日本酒の価格と味わいに対してシビアになった時期ともいえます。「飲んで酔えればいいお酒」から「味わうものとしてのお酒」を求めるように、消費者意識が変わってきたのです。

たとえば当時、ラベルに記されていた「特級」「一級」「二級」という表示に意味があるのかなどを、考えるようになったのです。

もともと愛好家の間では、「特級や一級より、二級酒のほうがうまい」などという声もたくさんありました。

それもそのはずで、この級別表記は、お酒の味わいや個性とはなんら関係がなく、そのお酒にどのくらい税金が加算されているかで分けられたものだったからです。

これを受けて、平成元（１９８９）年に級別制度が見直され、平成４（１９９２）年に全廃となります。それに代わって定められたのが「特定名称酒」です。

平成になるとともに、日本酒は新時代を迎えることになります。

日本酒の新たな時代の幕開け

米、米麹、水だけで造られた「純米酒」が、1990年代後半に注目されます。お米のうま味があり、混ぜものもないピュアな点が受けたのです。

戦後のお酒文化を支えるために生まれた〝お米を使わない日本酒〟から50年。お酒の歴史は戻ったようです。

より贅沢な「純米大吟醸」「純米吟醸」にも注目が集まります。代表的なブランドに、山形「十四代」、山口「獺祭」、福井「梵」などがあり、プレミアムSAKEとして海外でも引っ張りだことなっています。

最近は、スパークリング酒や低アルコール酒、ピンク色の日本酒なども出始め、日本酒のバリエーションがどんどん増えています。

酒造業以外で経験を積んだり、ワインを学んだりした若手蔵元たちにより、今までの常識にとらわれない革新的なお酒も出てきています。

ただフルーティーなだけではなく、今まで日本酒にはなかった酸味を含む複雑な味わいのものや、原点回帰で生酛造りや木桶仕込みに挑戦したものなど、新しさと古き良き日本酒文化を融合させたような銘柄など、多種多様です。秋田「新政」、栃木「仙禽」、三重「而今《じこん》」、京都「澤屋まつもと」、奈良「風の森」などが代表です。

こうしてさまざまな変革を経ている日本酒ですが、国内の消費は残念ながらいまだ減少が続いています。しかし、輸出は好調です。

2013（平成25）年「和食―日本人の伝統的な食文化」がユネスコ無形文化遺産に登録されたことから、日本食とともに日本酒を楽しみたいという外国の方が急激に増えたことが大きな理由です。

実はその前年となる2012（平成24）年には、民主党政権が「ENJOY JAPANESE KOKUSHU（國酒を楽しもう）」プロジェクトを始めていました。それは、自民党政権のクールジャパン戦略の一環である「日本産酒類の輸出促進連絡会議」に継承されています。

同年に佐賀県鹿島市が始めた「鹿島酒蔵ツーリズム」は、人口3万人の町に2日間で約3万人の観光客が集まり、地方の地酒イベントとしては前代未聞の大成功を収めました。

翌2013（平成25）年には約5万人、2019（平成31）年には約10万人を集客、年々拡大中でもあります。

こうした動きを受けて観光庁は「酒蔵ツーリズム推進協議会」を設立しました。

また、「最初の乾杯は日本産のお酒で行おう」という活動が全国各地に広がっています。発端は、2004（平成16）年発足の「日本酒で乾杯推進会議」（現在は発展的解消）で、「日本人なら日本酒で乾杯を」というスローガンを提唱してきました。2013年、京都府で「京都市清酒の普及の促進に関する条例」が施行されたことにより、30年連続で減少していた伏見の清酒の出荷量が増加に転じたそうです。これを機に、全国各地の自治体に「乾杯条例」「乾杯推進条例」などが急速に広まっています。

今では日本酒に限らず、焼酎やワイン、地ビールなどさまざまな地元産のお酒で乾杯が奨励されています。

外国からのゲストをおもてなしするときは、ホスト国のお酒でおもてなしするのが世界のプロトコールです。シャンパーニュも素晴らしい乾杯酒ですが、日本での宴席なら日本のお酒で乾杯したいもの。より一層盛り上げていきたい文化の一つです。

日本酒にワイン用語「テロワール」は使えるのか

ここ10年ほどでしょうか。日本酒業界で非常によく使われるようになった言葉に「テロワール／terroir」があります。

ワイン用語としてよく使われるフランス語で、農作物が生まれる土壌、地質、地形、地勢、気候などのほか、農作物を生み出す土地の人々の生活や慣習まで含みます。

ワインの原料となるブドウは果物ゆえに、移動や保存が難しいため、収穫するとすぐにその場所でワインにします。

雨が少ない場所でできたブドウと雨の多い場所でできたブドウでは、ブドウそのものの味わいも違いますし、できあがるワインの味わいにも違いが出ます。石灰質の土壌からできたブドウで造られるワインと粘土質の土壌からできたブドウで造られるワインでは違いが出ますし、東向き斜面で育ったか西向き斜面で育ったかでも、樹の高さが高いか低いかでも変わります。

ワインは、ブドウ果汁に含まれる糖分が酵母によってアルコールに代わる「単発酵」という至極シンプルな製造工程でできるので、ブドウの個性がそのままワインにあらわれます。ひいては、ブドウの個性がワインの楽しみ、ワインの魅力となることから、「テロワール」を重要視するわけです。

日本酒の原料であるお米も、気候風土によって、個性に違いが出ます。

寒暖の差の激しい新潟県魚沼産のコシヒカリは大粒でもちっとしていて甘味があり、平地で造られる栃木産のコシヒカリはすっきりと軽快であっさりとしています。とはいえ、ブドウをはじめとした果物ほどの明確な違いはないので、微妙な違いを見分けるのは少々難しいかもしれません。

さらに、味わい成分が多く含まれる表面を磨いたお米を使うため、お米そのものの個性の違いはわかりにくくなります。高級酒になればなるほど、磨く度合いが増えるので、お米の違いはますますわかりにくくなっていきます。

また、お米に麹菌を繁殖させ、米麹で糖化を促し、大量の水を投入し、酵母を使って発酵とともに香りを抽出するうえに、発酵後には濾過、割水をするなど、米の個性を削り、人為的な操作を複雑にプラスしていくため、お米の個性があらわれにくいのです。

そしてなにより日本酒は、その土地のお米の個性を活かすことに重きを置いていません。

流通が今ほど発達していない時代は、それぞれの地域のお米を使っていましたが、今は日本全国、いえ、世界中で良質の酒造好適米を仕入れ、酒造りをすることができます。

さらに、日本人ならではの味覚・感性なのか、水に近いほうがいいお酒、クセのないほうがいいお酒、という嗜好があります。

個性が突出したお酒は敬遠される傾向にあるため、できるだけ個性を排除し、研ぎ澄まされた味わいに価値を見出してきた日本酒に対し、ワインはまったくその逆で、個性がはっきりと明確であればあるほどよしとされます。「ワインは油絵、日本酒は墨絵」とたとえられるのもそのためです。

こうしたことから、日本酒にテロワールを求めるのは難しいのではないかと考えます。

しかしながら、最近は日本酒のバラエティが多様化していることから、オール地元産の地酒を楽しむ風潮も出てきました。また、オール地元産の地酒は「地方創生」「地域活性」にも結びつくことから、意欲的に取り組む造り手も出てきています。

人気の酒造好適米、たとえば、兵庫県産特A地区の山田錦のバランスや品格、新潟産五百万石のやさしさやなめらかさばかりではない、さまざまな香味の日本酒がどんどん出てくることで、より日本酒の楽しみ方が広がることは想像に難くありません。

とくに「クセのない水のごとき酒がいい」とする日本人の感性とは違う、ワインやウイスキーを普段から楽しんでいる外国の方にとっては、むしろ、日本酒の多様性をおもしろいものと感じてくれるでしょう。

日本酒の輸出量が増えていることからも、今後、日本酒のテロワール化が進んでいく可能性は否定できないでしょう。

Mini column 04

「日本酒の日」というのをご存知でしょうか。

１０月１日がその日なのですが、ではなぜ、この日が「日本酒の日」になったのでしょう。

実は、「酒」という文字にその答えがあります。

お酒に関する漢字には、ほぼ、「酉（とり）」というつくりが共通しています。

お酌《しゃく》、酔う、酩酊、醸すなど。

「酉」はそもそも酒壺をあらわす象形文字です。よく見ると、下のほうがだんだんとすぼみ、酒を熟成させるために用いた酒壺の形のようです。もとは「酉」だけで酒を意味していたそうなのですが､液体を表す「サンズイ」が後について、今の「酒」という字になったといいます。

この「酉」は、十二支の中の十番目という意味もあります。「酉」の月は１０月、新穀の実る月であります。穫り入れた新穀を使い、酒造りをいっせいに始める月ということで「酉の月」とされました。

こうしたことから、お酒のシーズンは秋から始まるとされているのです。

つまり、酒造元旦である１０月１日が「日本酒の日」となったというわけです。

のお告げ通りに白酒の醸造を始めました。すると、これまた大いに人気を博しました。これから、お雛祭に白酒をお供えする風習が生まれたそうです。

もちろん今でも造り続けられ、現代の私たちも白酒のおいしさを堪能できます。

このインタビューは、2020年7月、オフィスビルや商店が立ち並ぶ神田錦町にオープンした「豊島屋酒店」にて、お酒と田楽をおつまみに行いました。関東大震災で店が倒壊したため居酒屋を休業して以来約百年ぶり（！）に開業したのです。

気軽な立ち飲み形式ですが、新鮮さとともにお米の味わいを感じることができる「純米無濾過原酒 十右衛門」シリーズや、お米も水も酵母もすべて東京産というオール東京の「金婚　純米吟醸　江戸酒王子」などを飲み比べできますし、東京産のチーズやコスパのいい本マグロのお刺身、「酒粕ようかん」などのスイーツなど、さまざまなおつまみやデザートとともにお酒を堪能できます。お酒好きの男性のみならず、女性も楽しめる設えですし、しっかりとお腹を満たすことも可能な「角打ち」です。

酒店ですので、お酒のお持ち帰りもできますし、江戸に思いを馳せる東京名産の老舗のお菓子などのお土産もあり、外国人のお客様にもきっと喜ばれるはずです。

金婚 純米吟醸 江戸酒王子
大変めずらしい「江戸酵母」で醸した「オール東京」のお酒。パリで開かれた日本酒のコンクール（品評会）“Kura Master　２０２０”の純米酒部門で最高賞「プラチナ賞」を受賞

167ページにつづく→

コラム 蔵元5

株式会社豊島屋本店

名称	株式会社豊島屋本店
所在地	〒101-0064 東京都千代田区神田猿楽町 1-5-1
TEL	03-3293-9111
創業	慶長元年（1596 年）
ウェブサイト	https://www.toshimaya.co.jp/
代表のお酒	金婚　純米吟醸　江戸酒王子

大都会東京にも日本酒の蔵があります。

豊島屋本店はその代表です。（酒蔵の豊島屋酒造は東京都東村山市）。創業は慶長元（1596）年と長い歴史を誇る蔵元です。江戸の神田鎌倉河岸（現在の千代田区内神田）で、初代豊島屋十右衛門が酒屋兼一杯飲み屋を始め大変繁盛したのがはじまりとのこと。居酒屋のルーツともいわれています。

当時は関西から酒樽を仕入れ販売していました。酒の樽が味噌や醤油の仕込みに使われていたことから需要が高かったのだそうです。中身であるお酒が空になると樽が売れるため、お酒を安く販売できたというのはとてもユニークなお話ですね。

お酒のアテの田楽も人気で、居酒屋はたいへん繁盛したそうです。独自のお酒「金婚」をお客様にお届けするため、明治時代中期に酒造りもはじめたのだと、十六代目となる吉村俊之社長は、穏やかな笑顔で教えてくださいます。

豊島屋の初代、十右衛門は、ある夜、枕元に立った紙雛様

コラム 蔵元6

菊正宗酒造株式会社

名称	菊正宗酒造株式会社
所在地	〒658-0046 神戸市東灘区御影本町 1-7-15
TEL	万治２年（1659 年）
創業	078-851-0001
ウェブサイト	https://www.kikumasamune.co.jp/
代表のお酒	超特撰　嘉宝蔵　雅

「私どもは、６００年前に材木商や網元をしており、その傍らで、地域のお祭りや神事でお客さまに振る舞うためのお酒を造っていたのが始まりなんです」

32 年ぶりの社長交代で菊正宗酒造代表取締役となられた嘉納治郎右衛門さんはおっしゃいます。

菊正宗としての創業は１６５９（万治２）年、すでに３６０年以上の歴史があります。

食事に合う辛口のお酒として押しも押されもせぬ人気銘柄。生産量が多いにもかかわらず、生酛造りをていねいに行い、常に安定した味わいを手頃な価格で提供しています。

十二代目当主となる嘉納さんは、「日本酒は、産地、酒質、パッケージデザインやブランドなど、さまざまなフレームがあるので、選ぶのは難しい」と一般消費者の視点に寄り添ったうえで、こうもおっしゃいます。

「現在、1000 を超える蔵があり、それぞれの蔵にいろいろ

169 ページにつづく→

豊島屋本店のブランド「金婚」は、東京の二大神社である、神田明神、明治神宮の御神酒《おみき》として長い間お納めされています。

御神酒は、神様にお捧げするお酒のことです。

お酒は常に神とともにあるものです。祭祀の最後に、神事に参加した者一同で御神酒を戴き神饌を食する行事（共飲共食儀礼）のことを直会《なおらい》といいます。

お酒を介して神様とつながることができる、日本酒は神聖な飲みものとして位置づけられてきました。ここ「豊島屋酒店」では、直会を体験できる気がします。

豊島屋本店　吉村俊之社長

「難しいことは抜きにして、ぜひいろいろなお酒に挑戦して、お好みのものを見つけていただくのがいちばん」と吉村さんはおっしゃいます。自分が好きなお酒を探す楽しさを味わってほしいですとも。「お酒がなくても生きていけますが」と茶目っ気たっぷりのお言葉もいただきました。

いつもの経営者のお顔とは違い、居酒屋「豊島屋酒店」の店主としてのお顔に触れられる実に楽しい時間になりました。

東京に来たら、ぜひ、お立ち寄りください。

店主とお話しできるかもしれませんよ。

うまい日本酒のために生酛造りを貫いている

ために火をおこすという一手間をかけることです。しかし、今はなんでも冷やして飲むスタイルが主流になり、かれこれ30年という年月がたってしまいました」と嘉納さんは嘆かれます。お燗ファンとしては同じ思いです。菊正宗のお燗のおいしさをぜひ知っていただきたいですね。

海外の方々と接する機会も多い嘉納さんは、日本酒の文化を理解していくことは、海外問わず、ビジネス上も必ず信頼されるポイントになり得るとおっしゃいます。

最近は、欧米のみならずモンゴルなどからも、菊正宗の蔵見学にお越しになるそうで、２０１９年の菊正宗酒造記念館への来場者13万人のうち40パーセントが外国人だったそうです。お酒の記念館としてとても見ごたえがありますので、

しぼりたてギンパック
ロンドンで開催されたＩＷＣアワードセレモニー2019（SAKE部門）で最優秀賞を受賞

な商品のいろいろな味がある。だから日本酒は一期一会」といわれますが、まさにこれが、日本酒の面白さでしょう。

「初めてビールを飲んだときに感じる、あの“苦さ”がおいしく感じるようになるのと同じで、日本酒も飲み始めてから味覚形成が始まります。そこからどう変化するのか、興味のある点です」とおっしゃいます。

選ぶ難しさはあるけれども、まずはいろいろなお酒を、家飲みなどカジュアルでいいので、ニュートラルに楽しんでもらいたい。飲んでいくうちに、甘口辛口など自身の好みの基準が生まれますし、冷酒がいいのか燗酒《かんざけ》がいいのかもわかってきます。お酒は温度帯の幅が広いので、体験するにつれ温度による違いの楽しみも体感できるはずです、と嘉納さん。

「ビールと日本酒だけで飲食店が成り立っていたところに、洋酒やリキュールが登場し、日本酒は埋没してしまいました。

しかし、多様化をせまられ、努力して結果を生み出してきました」というお言葉どおり、菊正宗でいえば、世界で注目され始めているプレミアムブランド「百黙《ひゃくもく》」やパック酒にもかかわらず国際コンクールで金賞を受賞した「しぼりたて　ギンパック」などがその証しでしょう。

「長い間日本人のおもてなしには燗酒がありました。相手の

たくさんの人に訪れていただきたいものです。

輸出も毎年二ケタで増えており、アメリカはもちろん、中国の伸びも勢いがあります。

ワインがメインの国では、テロワールの概念があるため、日本酒への評価と理解がとても高いそうです。

菊正宗酒造　代表取締役
第12代嘉納治郎右衛門氏

日本酒の文化として、酒席では【注ぐ（つぐ／そそぐ）】【どうぞ】【ありがとうございます】という行為が行き交い、【献杯】【返杯】【洗杯】【まわし飲み】、さらに【お流れ頂戴】など目上の人から杯をいただくことを指す言葉もあります。これらは、皆と打ち解けるための日本流のきっかけで、海外でいうところのハグやキスの代わりなのです。

また、大皿を皆でつつくのも、同じ釜や鍋の料理をいただくのも同様です、と嘉納さんはおっしゃいます。

最近は避ける傾向にある、こういった所作や習慣は、日本人気質から生まれた酒と食のコミュニケーションの原点です。

欧米のハグやキスと同じと思えば、なるほど、日本酒流もちょっと素敵なスタイルに見えてきます。

第5章

教養人の日本酒の楽しみ方

日本酒は季節ごとに楽しみ方が変わる

日本には、春、夏、秋、冬と四季があることから、食材の特徴を活かす和食（日本料理）にも四季が密接に関わっています。四季折々の旬の食材を使い、季節感を演出した盛りつけから、「目で食べる」料理ともいわれています。

そんな日本で造られる日本酒にも、春夏秋冬それぞれの季節がしっかり映し出され、季節に合った飲み方を楽しむことができます。

四季が感じられるお酒というのは、世界を見渡しても日本酒だけではないでしょうか。もちろん、ワインもフランスのボジョレー・ヌーヴォーやオーストリアのホイリゲに代表される新酒がありますし、芋焼酎には秋に収穫したばかりのサツマイモを使って造る新焼酎もあります。

しかし、春には春の、夏には夏の、秋には秋の、そして冬には冬の、それぞれの季節ならではのお酒ができ、市場に出回り、それを手にする人が「ああ、もうこの季節がきたか」と実感できるのは日本酒だけかもしれません。

◇1 秋の酒

収穫の秋。新米が蔵に運ばれ、蔵ではお酒造りが始まります。酒造メーカーは、秋から冬にかけてもっとも忙しい季節となります。

お酒造りには、おおむね3カ月かかります。10月に造り始めれば、早ければ年内に、いわゆる「新酒」ができあがるため、新たな年を「新酒」で祝うこともできます。

「新酒」とは、秋から3月頃までに造られたお酒のことを指し、できたてのお酒を搾ったものを「搾り立て」といいますが、その年最初に仕込まれたお酒の搾り立てをとくに「初搾り」といいます。

また、秋から冬にかけては、気温が低くなるため雑菌の繁殖が抑えられます。雑菌の繁殖を抑える「火入れ」の作業を行わない「生酒」や、火入れ回数が少ない「生貯蔵酒」「生詰酒」も流通しやすく、新酒のうちでもとくに新鮮さの際立ったお酒を楽しめます。

秋にはもう一つ、楽しみがあります。

前の冬に造った「新酒」を一度火入れし、涼しい蔵内でひと夏寝かせ、そのまま火入れをしないで瓶詰めして出荷する「ひやおろし」が市場に出回る季節です。涼しい蔵の中で保存された冷たいお酒を市場に卸すから「ひやおろし」といいます。

ひと夏寝かしたお酒は、なめらかになり、うま味がのり、コクが出ます。「ひや」という言葉がついているので冷酒のことかと思うかもしれませんが、そうではなく、むしろ、お燗にするとおいしいお酒です。

秋になると味わいがぐっと増すので「秋あがり」とも呼ばれることもあります。

風味豊かなキノコや滋味たっぷりのジビエ、脂ののった秋刀魚《さんま》や鮭など、秋の食材とは最高の相性です。

「ひやおろし」が出回るのは重陽《ちょうよう》の節句（9月9日）の頃。昔は菊の花を浮かべて「菊酒」として季節を味わいました。「菊酒」は秋の季語です。

さらに秋は、「中秋の名月」で知られるように、澄み切った秋の夜空に浮かぶ月を愛でる季節です。お月見団子に秋のひやおろしを添えて「月見酒」としゃれこみましょう。月を愛でつつ、今年の収穫の喜びと感謝も忘れずに。

2　冬の酒

日本酒といえばやはり冬、という人は多いでしょう。

お米のうま味が感じられる純米酒、とくに「生酛」「山廃」のぬる燗、すっきりと軽快な辛口「本醸造」の熱燗など、冬ならではの楽しみ方がたくさんあるからです。

お燗のつけ方は後述しますが、私はよく、日本酒8、水2くらいの割合で混ぜてお燗にしています。やわらかな味わいになり、飲み心地もよくなります。このやり方を教えていただいたのは、日本を代表する日本酒醸造技術者で、かの人気日本酒漫画『夏子の酒』(「モーニング」講談社)の登場人物のモデルにもなった日本酒業界の重鎮、故上原浩先生です。

今思えば本当にありがたいことに何度か酒席にお呼びいただくことがあり、その席でこの〝水割り日本酒のお燗〟を教えていただきました。そして、いいお酒は水で割ってもけっして薄くならないことを知りました。

「酒は純米、燗ならなお良し」という上原先生の名言は、いつも日本酒ファンの心にあります。

この時期の冷酒もまた、味わっておくべきでしょう。

寒造りをした新酒はこの時期に出回ります。

新鮮な新酒の「搾り立て」を暖かい部屋で冷たくして飲むのはまた違った趣があります。また、雪に埋めてお酒を冷やすといった、この季節ならではの趣向も楽しめます。南国からのインバウンドのお客さまには、ことのほか喜んでもらえます。

ちらちら舞い散る雪を眺めつつ飲む「雪見酒」は実にオツなものです。泡雪のような「にごり酒」が雪の風情にはぴったりです。

忘れてはならないのが、お正月の「お屠蘇《とそ》」です。「お屠蘇」は、「蘇」という悪鬼《あっき》を屠《ほふ》り（倒し）、生（魂）を蘇生させるものとして、平安時代から飲み継がれてきた薬用酒です。お酒とセットで売られていることもありますので、試してみてください。

「屠蘇延命散」と呼ばれるハーブやスパイスをみりんやお酒に漬け込んでつくります。

「燗酒」は冬の季語、「屠蘇」は新年の季語です。


ほかにも、とびきり熱くしたお酒をカニの甲羅に注ぐ「甲羅酒」、香ばしく焼いたフグや鯛などのヒレを入れていただく「ヒレ酒」、香ばしく炙った魚の骨に熱いお酒を注ぐ「骨酒《こつざけ》」など、アツアツのお酒は冬の風物詩でもあります。お酒というよりむしろお吸いものといってもいいほど、カニ味噌や魚から出る出汁がきいたお酒となり、体の芯をじんわりと温めてくれます。

「ヒレ酒」は冬の季語となっています。

3 春の酒

春は何かとお酒を飲む機会が多いものです。

春は出会いと別れの季節。人のご縁の大切さを確認する歓送迎会にお酒はかかせません。

江戸の草分　豊島屋の白酒

『江戸名所図会』
豊島屋酒店に白酒を求めて
人々が押し寄せている絵

（協力）株式会社豊島屋本店

昔から何らかの契りを交わすときには「お酒」がつきものでした。

また、初対面の人同士が一献《いっこん》交えることで、緊張もほぐれ、心を通わすことができます。

酒宴にはそういった意味もあるのです。


「桃の節句」（3月3日）にいただくのは、「白酒《しろざけ》」です。

みりんや焼酎をベースに糯《もちごめ》と麹を仕込み熟成することで造る、ひな祭りの祝い酒です。

混同されがちなのですが、にごり酒や甘酒とは違うものです。

白酒は、江戸時代に広く飲まれていたといわれています。

白酒の銘蔵といえば、江戸は鎌倉河岸にて慶長元（1596）年に創業した豊島屋本店（東京）です。16代目にあたる代表取締役社長吉村俊之氏に白酒製造秘話を教えていただきました。

「言い伝えによれば、ある夜、創業者である豊島屋十右衛門の夢枕に紙雛《かみひな》様が立ち、白酒の造り方を伝授してくれました。十右衛門が、そのとおりに造ると、おいしい白酒ができたので、桃の節句前に売り出しました。すると、そのおいしさが江戸中の評判になり、『山なれば富士、白酒なれば豊島屋』と詠《うた》われるまでになりました。天保7（1836）年に編纂された『江戸名所図会』には、多くの人々が豊島屋に白酒を買い求めに来られている様子が描かれています」

あまりにもお客さまが殺到するので、お医者さまととび職の警備人を備えていたといいますから人気は相当なものだったのでしょう。

桃の節句の頃、この白酒を飲むと甘くやわらかな味わいにどこかほっとします。

そしてなにより、春といえば、桜、お花見でしょう。

お花見の宴席にお酒は不可欠。いわゆる「花見酒」です。

天下の大宴会と謳われる「醍醐《だいご》の花見」は、慶長3（1598）年、豊臣秀吉が近親者や諸大名とその家臣など約1300人を、平安時代から「花の醍醐」と呼ばれるほどの桜の名所である京都の醍醐寺に集めて開かれた、大変大がかりなものでした。

茶屋の設営費や警備費、参加した女性陣の衣装代など、今で換算するとなんと39億円の経費がかかったといわれています。お酒のラインナップもみごとで、「加賀の菊酒、麻地酒、其外《そのほか》天野、平野、奈良の僧房酒、尾の道酒、児島酒、博多之煉、江川酒」（『酒が語る日本史』河出書房新社より）など、全国の銘酒がずらりと並んでいたそうです。人々は、さぞかし気持ちよく酔いしれ、親交を深めたことでしょう。

ちなみに、秀吉はこの約5カ月後に亡くなりましたが、醍醐寺では、この宴にならって、毎年4月の第二日曜日に「豊太閤花見行列」を行っています。

春には、桜をイメージしたお酒が数多く出回りますが、桜の花びらが舞い散るように見える「うす濁り」や「おりがらみ」、かすみで見え隠れする春のおぼろ月を愛でながらの「かすみ酒」がぴったりです。

4 夏の酒

日本の夏は蒸し暑く、ビールやサワーなど、キンキンに冷えた飲みものが好まれ、日本酒は敬遠されがちですが、キリッと冷やした冷酒ののど越しのよさ、爽快感は何にも代えがたいものがあります。アウトドアでの川の清流や岩清水で冷やしたり、滝の水しぶきを浴びながら「滝見酒」というのも爽快かつ豪快です。

新酒を生のまま保存した「生酒」や瓶詰めのときに一度火入れした「生貯蔵酒」など、フレッシュな味わいは夏にぴったりですね。

ほかにも最近人気のスパークリング清酒も暑い夏にすっきりいただけます。

昔ながらの夏の和酒としてご紹介したいのが、「直《なお》し」です。焼酎とみりんを半々の割合で混ぜ、井戸水にさらして冷たくしたもので、江戸時代から暑気払いとして飲まれてきました。上方では「柳蔭《やなぎかげ》」、江戸では「本直し」と呼ばれています。みりんのやさしい甘さと焼酎のドライな味わいが、蒸し暑さを癒してくれます。

焼酎も暑気払いによく飲まれていました。「焼酎」は夏の季語。すきっとした口あたりはセミの鳴き声も心地よくさせてくれること請け合いです。

もう一つ夏の季語として知っておきたいのが、「甘酒」です。

最近は、麹で造る甘酒がとても人気です。「飲む点滴」ともいわれるほど、栄養成分が豊富な甘酒は、夏バテを防止する栄養ドリンクです。昔は夏に好んで飲まれていました。


日本酒を凍らせていただく「みぞれ酒」「凍結酒」も夏におすすめです。

日本酒はアルコールの特性からカチカチには凍らず、しゃりっとしたシャーベット状になります。みぞれのような状態になるので「みぞれ酒」と呼びます。スプーンでいただいたり、そのまま飲んで冷たいのど越しを味わいます。これぞ大人のかき氷ですね。凍った状態でお店で売られているものもあります。

また、よりすっきりと飲むには、日本酒のソーダ割りやオン・ザ・ロックもいいでしょう。お好みで、レモンやライム、ユズ、スダチを搾るとさわやかさが増します。冷たい緑茶で割るのも夏向きです。

最近、日本酒を何かで割って飲んだり、ほかのお酒とブレンドして飲んだりなど、楽しみ方が多様化しています。こうした飲み方を好まない方もいらっしゃいますが、日本酒は自由な飲みものです。好みのスタイルで飲むのが一番。

暑いときには、暑いからこそおいしくいただける方法で日本酒を楽しみましょう。造り手の方たちもそれを望んでいます。

5 行事・イベント

古来の節句とは違う行事やイベントでも、日本酒が重宝されています。

成人式には、二十歳のお祝いにお酒を贈ったり、新成人の飲み会が開かれたりします。20年熟成した生まれ年ヴィンテージ酒をプレゼントするのもとても素敵です。

誕生日や母の日、父の日、敬老の日などにもお酒を贈り、お酒で祝います。ここでもヴィンテージ酒がプレゼントに合います。「達磨正宗」のブランドで知られる熟成酒のパイオニア、白木恒助商店（岐阜）には、昭和50（1975）年からの熟成酒と熟成梅酒が、同じく熟成酒の銘蔵、洞窟熟成が人気の島崎酒造（栃木）には、昭和62（1987）年からのお酒、もしくは熟成酒が揃います。

もともとは海外のイベントでも、日本酒とコラボレーションすることが増えています。バレンタインデーでは、チョコならぬ、お猪口《ちょこ》をプレゼントしたり、日本酒や酒粕が練り込まれた日本酒チョコ、それも、日本酒好きにも好評の上質なチョコが出てきています。あえてクリスマスは和食でという人たちも増えています。もちろん乾杯は、シャンパーニュではなく、スパークリング清酒で。

最近は、ハロウィン用の日本酒なども登場していますし、ますます現代の日本人の生活様式と日本酒の関わりは深まっていくのかもしれません。

四季の移り変わりとともに、味わえる日本酒、そして味わい方も変わります。外国の方には、ぜひともこの楽しみ方を体験してもらいたいものです。

日本酒の味は四つのタイプに分けられる

四季とともに楽しめる日本酒の種類はすでにお伝えしましたが、実際、銘柄を選ぶとなると意外に難しいものです。

ラベルやメニューを見ただけでは、味わいがイメージできないためです。

たとえば「山田錦の純米吟醸」と書かれていても、フルーティーなタイプなのか穏やかなタイプなのか、甘口仕上げなのか辛口仕上げなのか、名称だけではその特徴を搾り込むことはできません。

「無濾過生原酒」と書かれているからと、濾過していないので濃いだろう、生酒だから爽快だろう、原酒だからアルコール感があるだろうなどと想像して飲むと、まったく違う味わいだったりすることもあります。

「生酛」「山廃」も、軽快なタイプから重厚なタイプ、フレッシュなタイプから熟成酒がブレンドされている古酒のようなタイプまでさまざまあるからです。

「純米酒」「特別純米酒」「本醸造酒」「特別本醸造」といった特定名称では、あまりにもいろいろな香味があり漠然としか想像ができません。

ほかにも「別誂《べつあつらえ》」「謹製《きんせい》」「特撰」「上撰《じょうせん》」「佳撰《かせん》」などといった表記がされていることもあります。

「日本酒は選ぶのが難しい」

この事態を受け、日本酒造組合中央会では、専門用語ではなく、ワインサービスのプロであるソムリエの表現手法を取り入れ、一般の消費者でも理解し想像できるような表現を用いて、日本酒を4タイプに分類しました（日本酒サービス研究会・酒匠研究会連合会（SSI）が発足時の1991年に考案した4タイプ分類を基につくられました）。

4タイプとは次のとおりです。

1　香りの高いタイプ

（香り）　華やかで透明感のある果実や花の香りが特徴

（味わい）　甘さと丸味は中程度で、爽快な酸との調和がとれている

2　軽快でなめらかタイプ

（香り）　穏やかで控えめな香りが特徴

（味わい）　清涼感を持った味わいでさらりとしている

3　コクのあるタイプ

（香り）　樹木や乳性のうま味を感じさせる香りが特徴

（味わい）　甘み、酸味、心地よい苦みとふくよかな味わいが特徴

4　熟成タイプ

（香り）　スパイスや干した果物などの力強く複雑な香りが特徴

（味わい）　甘味はトロリとしていてよく練れた酸が加わり調和している

これをマトリックス化したのが、巻頭の2枚目の図になります。市場にあるすべての日本酒をこの4タイプに落とし込むことができますし、醸造専門用語ではなく、誰にでもイメージできるわかりやすい言葉で日本酒の個性をあらわしているので、日本酒に詳しくない方も使いこなせます。

さまざまな関連団体や研究者が新たな分類方法を生み出そうとしていますが、今のところこれを上回るものは登場していないようです。

ラベルやメニューに「香りの高いタイプ」「軽快でなめらかタイプ」「コクのあるタイプ」「熟成タイプ」と書かれていることはほぼなく、あくまで、酒販店や飲食店など酒類販売やサービスをする側の説明ツールとして使用されているのが現状ですが、この4タイプを基におすすめしてくれる酒販店、飲食店も国内外に増えています。

この4つの表現と、マトリックスをぜひ活用してみてください。

また、この4タイプは、おいしい温度、香味に見合う酒器、そのお酒に合う料理やおつまみなどを考える際のヒントにもなります。

ここでは、唎酒師として、ソムリエとしての私の経験を踏まえて、それぞれのタイプの特徴や、特定名称がどのタイプに入るか、おすすめの季節はいつかについて、お伝えします。重複するものや例外もありますが、参考にしてください。

❁ 1 香りの高いタイプ

リンゴやバナナ、白桃、メロン、マスカットなどフルーツの香り、ジャスミンやライラック、アカシアなど花のような香りがあり、とても華やか。ワインのような香りを持つものもあります。

口に含むと、華やかでフルーティーなフレーバーが感じられ、スムーズでやわらかく、繊細な味わいです。甘い香りがするために味も甘く感じることがありますが、後味はすっきりと軽快なものが多いです。近年、濃醇な味わいながら香りはすこぶる華やかというタイプも出てきています。

〈具体的な特定名称など〉

「大吟醸酒」「吟醸酒」「純米大吟醸酒」「純米吟醸酒」など吟醸系があてはまります。吟醸という文字がなくても、吟醸酵母を使用した「特別純米酒」「純米酒」「特別本醸造酒」「本醸造酒」なども含まれます。

「生酒」「生貯蔵酒」「生詰酒」、時に「普通酒」でも吟醸酵母を使用してフルーティーに仕上げたものがあります。スパークリング清酒もおおむねこのカテゴリーです。

吟醸酵母を使用しているか、否かがポイントともいえますが、残念なことに吟醸酵母を使用したという記載はラベルにはほぼないところが悩ましい点です。

〈おすすめの季節〉

華やかな香りなので、桜や桃の花の季節、または新緑の季節、風薫る頃が似合います。

2 軽快でなめらかタイプ

米の粉である上新粉のような香り、野菜やハーブのような香り、柑橘系果実の香りなどがするものの、おとなしくてクセのないのが特徴です。

味わいも同様で「淡麗」、つまり、軽くて爽快です。うま味成分が少なく、どちらかといえばすっきりとした辛口でシャープな口当たりのものが多いです。

〈具体的な特定名称など〉

「本醸造酒」「特別本醸造酒」、一部の「特別純米酒」「純米酒」「普通酒」などもこのカテゴリーです。吟醸酵母を使用していない「生酒」「生貯蔵酒」「生詰酒」も入ります。

吟醸酵母を使用していないものがここに入るともいえますが、吟醸表示のあるものでも、きわめて軽快に仕上げたものはこのタイプになります。

〈おすすめの季節〉

すがすがしさ、さわやかさを持つお酒は、やはり夏がおすすめです。きりりと冷やして楽しみましょう。

❖ 3　コクのあるタイプ

炊き立てのごはん、つきたての餅をイメージさせるお米由来の香りが特徴です。蒸した栗（上手に造られた米麹は蒸した栗の香りがします）や香ばしいクルミ、ナッツのような香り、ミルクやヨーグルト、バター、チーズなど乳製品のような香りなど、複雑で濃厚な香りがします。

味わい、うま味、酸味、甘味、時にアルコールがしっかりと感じられ、ふくよかで飲みごたえのある、「濃醇」と表現されるタイプです。

お米のうま味がしっかり感じられるため、昔ながらの日本酒の王道ともいえます。しかし、「香りが高い」という特性を持ちながらも「コクがある」タイプがトレンドとして登場してきています。

〈具体的な特定名称など〉

「純米酒」「特別純米酒」や「無濾過」「原酒」と表示されているものがあてはまります。

「生酛」「山廃」も、おおむねこのカテゴリーに入りますが、時に非常に軽快に仕上げられたものもあるため、すべての「生酛」「山廃」にコクがあるとは言い切れません。

〈おすすめの季節〉

コクのある味わいは秋の味覚、キノコ料理や秋刀魚、鯖《さば》など脂ののった魚などに合うので、食欲の秋にぴったりです。

飲み方は、うま味を活かすぬる燗で。

❖ 4 熟成タイプ

美しい黄金色や琥珀色が特徴です。大吟醸酒など精米歩合の低い（たくさん磨いたお米で醸される）お酒は色の変化が少なく、なかには、あまり色がついていないものもあります。純米酒や普通酒など、精米歩合の高い（あまり磨いていないお米で醸される）お酒は、色の変化があり、色合いの楽しみがあります。

ドライフルーツやはちみつ、黒糖、キャラメルなど甘い香り、ナッツの香り、スパイスの香り、干しシイタケや昆布のような香り、樹木や香木のような香りなど、とても複雑な香りがします。中国の紹興酒やスペインのシェリーに似るともいわれます。

味わいも、濃密にして甘美。ドライなタイプもありますが、おおむねとろりとした口当たりで長い余韻を楽しめるものが多いです。

〈具体的な特定名称など〉

特定名称にかかわらず、「熟成酒」「長期熟成酒」「古酒」「秘蔵古酒」などと表示されたお酒に加え、熟成年数や製造年（ヴィンテージ）が表記されていることもあります。

「貴醸酒《きじょうしゅ》」もこのカテゴリーに入ります。

「貴醸酒」とは、通常、お米、米麹、水で醸すところを、水をお酒に代えて醸す、とても贅沢な造りのお酒のことを指します。味わいは甘く濃厚でとろりとしており、お米のうま味も凝縮されています。なかには、非常に希少価値の高いものも存在します。

〈おすすめの季節〉

時とともに練られた芳醇な香りと濃密な味わいのお酒は体をやさしく温めてくれるので、冬におすすめです。

さて4タイプを見てきましたが、いずれもわかりやすい香りと味わいの表現で分類されています。

お酒を購入する際のキーワードにもなりますので、ぜひ、活用してみてください。

日本酒は温度でも味わいが変わる

日本酒ほど、さまざまな温度で楽しめるお酒はほかにありません。

シンプルに、冷酒、常温、お燗の3つが基本になりますが、193ページの表のとおり、冷酒だけでも4種、お燗だけでも6種類と実に多様です。

ちなみに、これらの温度によって変わる呼び名は、近年、業界関係者の発案によってできたという話なのですが、実に日本らしい情緒のあるネーミングですよね。

幅広い温度で飲める日本酒の魅力を美しい呼び名とともにもっと世界に広めたいという気持ちになります。

「冷や」が「常温」であることに驚いた人もいるかもしれませんが、これは昔、日本酒をお燗にして飲んでいた時代に、お燗をしたお酒とお燗をしていないお酒を区別するために用いられていた言葉だからです。つまり、「お燗」か「冷や」のどちらかしかなかった時代の名残です。

冷たいお酒は「冷や」と区別して「冷酒」と呼ばれます。

飛び切り燗はとくにヒレ酒や骨酒、カニの甲羅酒を楽しむときの温度です。

日本酒は温度を変えて楽しめる

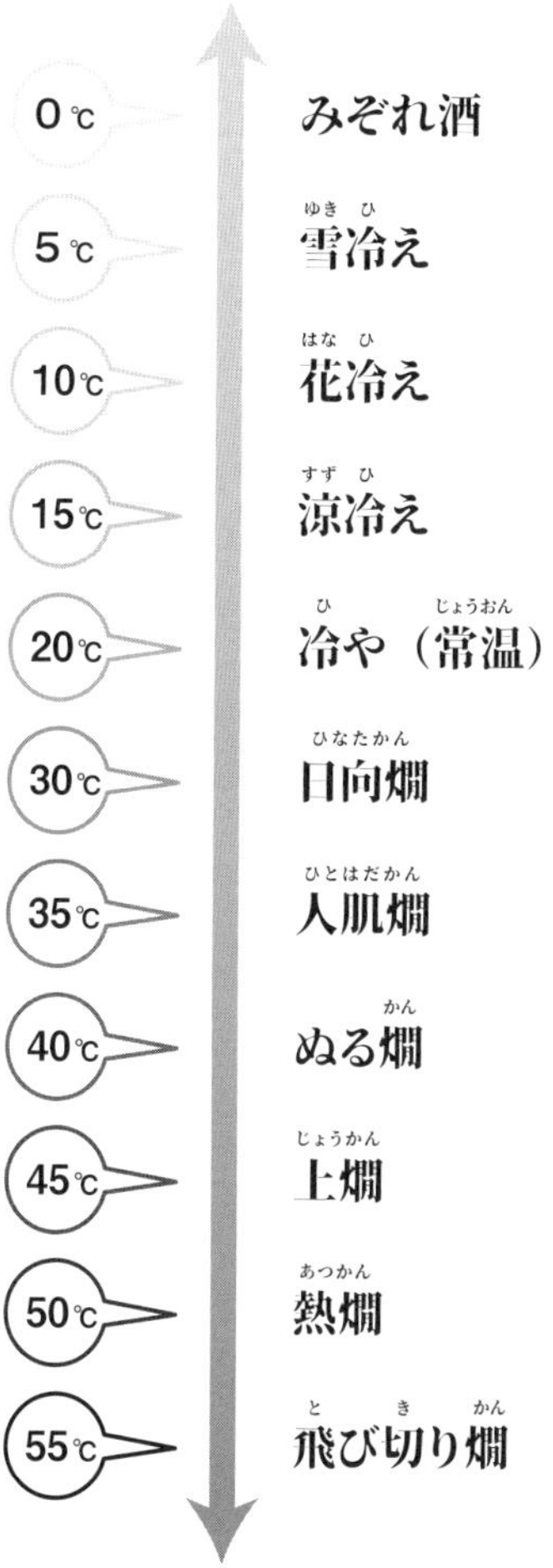

4タイプで見ていきましょう。

1　香りの高いタイプ

10度から15度の花冷えから涼冷えで。白ワインと同じくらいの温度です。

2　軽快でなめらかタイプ

0度から10度のみぞれ酒から花冷えで。ビールがおいしい温度と同じで、爽快にいただけます。

45度以上の上燗、熱燗、飛び切り燗にも向きます。キレのある、引き締まった、飽きないお燗になります。

3　コクのあるタイプ

20度から45度の冷やから上燗で。

お米のうま味が生きているので、おすすめはぬる燗、高くても上燗程度。冷やごはんより炊き立ての温かいごはんがおいしいのと同じです。

4タイプ別　理想的な温度帯

1　香りの高いタイプ

温度帯		おすすめ
一番冷たい	5℃	★★
冷たい	10℃	★★★★★
やや冷たい	15℃	★★★★★
常温	20℃	★★
ぬる燗	40℃	★
熱燗	50℃	

2　軽快でなめらかタイプ

温度帯		おすすめ
一番冷たい	5℃	★★★★★
冷たい	10℃	★★★★★
やや冷たい	15℃	★★★
常温	20℃	★
ぬる燗	40℃	★
熱燗	50℃	★★★★

3　コクのあるタイプ

温度帯		おすすめ
一番冷たい	5℃	★
冷たい	10℃	★★
やや冷たい	15℃	★★★★
常温	20℃	★★★★★
ぬる燗	40℃	★★★★★
熱燗	50℃	

4　熟成タイプ

温度帯		おすすめ
一番冷たい	5℃	
冷たい	10℃	★★
やや冷たい	15℃	★★★★
常温	20℃	★★★★★
ぬる燗	40℃	★★★
熱燗	50℃	★

参考　©NPO法人FBO（料飲専門家団体連合会）
©日本酒サービス研究会・酒匠研究会連合会（SSI）

4　熟成タイプ

10度から15度の花冷えから涼冷えで。冷やすことで少々強めの個性があっても飲みやすくなります。

常温なら熟成感をストレートに味わえます。赤ワインと同じ楽しみ方です。

また、ツウの方ならぬる燗もおすすめ。とろりとした甘さが引き締まって感じられます。

60度近い温度の幅を楽しめる日本酒だけに、まずは基本を押さえ、その後、ご自身の好みの銘柄、好みの温度を見つけていってください。

酒器が違えば味わいも違う

日本酒は酒器を楽しむことができるのも特徴です。

徳利、お猪口、グラス、升など、酒器の素材や形は実に多種多様です。日本酒好きの方の中には、自分好みの酒器、マイ猪口、マイぐい呑みを持ち歩いている方もいます。

私も、時折持ち歩くマイ盃があります。陶芸家、淺田尚道先生の作品で、やや大ぶりの平皿タイプです。

このマイ盃は、料理旅館「甲羅戯《こうらぎ》」（北兵庫、香住）のオーナーご夫妻から譲り受けたものです。「甲羅戯」のずわい蟹や但馬牛をはじめとした迫力のある料理とともに生酛仕込みの純米酒を、この盃で楽しみます。旅館のある香住を代表する生酛・山廃蔵「香住鶴」の純米酒にぴったりです。

しかし、このマイ盃、不思議と冷酒や熱燗には向きません。

ワインにも品種や産地によってそれぞれに合うグラスの形があるように、日本酒にも、お酒のタイプによって、季節によって、シーンによって、温度によって、もっともフィットする酒器があるのです。

4タイプ別に、向いている酒器、向かない酒器を紹介します。

1　香りの高いタイプ

このタイプの魅力は香りにあるわけですから、ここを逃してはいけません。

香りを十分に楽しめるワイングラスが適しています。脚のないタイプでも大丈夫です。口のすぼまったチューリップ型やバルーン型がいいでしょう。グラスの中に香りが十分に籠り、香りをより深く楽しめます。

アルコール度が高めの場合は、香りを籠らせすぎると揮発成分が強すぎてツンツン刺激ばかりを感じてしまうこともあるので、ユリの花のようにやや開いた形状がいいでしょう。素材は、透明度の高いガラスやクリスタルがおすすめです。繊細な香り、味わいのものも多いので、クリスタル特有のエレガントな感触が似合います。

薄手の磁器も素敵です。同じく繊細な味わいを楽しめます。九谷焼や有田焼、伊万里焼などが知られるところです。

常温で楽しむときには漆器もいいですね。格調高い雰囲気になります。輪島塗、越前漆器、会津塗などが有名です。

スパークリング清酒には、細長い形状のスパークリンググラスが合いますが、お米の風味を楽しみたい場合は、少しふくらみのあるグラスをおすすめします。

一方で、向かない酒器は、一般的なコップのようにまっすぐな形や小さすぎるお猪口です。これではせっかくの香りを楽しむことができません。また、厚手のぐい呑みなどの焼きものは武骨なところにその魅力があるのですが、繊細な「香りの高いタイプ」にはあまり向きません。

2 軽快でなめらかタイプ

軽快さを楽しめる細長い形状が向いています。さらりとのどの奥に滑り込むため、さっぱりとさわやかに楽しむことができるからです。スパークリンググラスや小ぶりのビアグラスなどです。

清涼感を楽しむには、ガラス、クリスタル、切子といった涼しげな印象の素材がおすすめです。東京を代表する江戸切子の粋さは軽快なタイプをより引き立たせてくれます。

青竹の器も素敵です。お客さまをお迎えするときに喜ばれます。外側に霧吹きでさっと水をかけてお出しすると、涼しげな演出が引き立ちます。

冷たさをキープする錫《すず》、チタン、ステンレスなど金属系もおすすめです。キーンと冷たい味わいを長く楽しめます。

お燗のときは、磁器や陶器等の焼きものがぴったりでしょう。辛口で引き締まった味わいのお燗になるので、厚手のものより薄手の繊細な小ぶりのものがより向いています。大きい酒器だとせっかくの熱が冷めてしまいます。

熱燗の場合は、繊細なガラスは割れる危険もあるので注意です。

3　コクのあるタイプ

お米のうま味を感じる、ある意味もっとも日本酒らしい日本酒といえるタイプです。おすすめの飲み方はぬる燗です。そのため、焼きもの、とくに手のぬくもり、土の温かみが伝わる陶器がいいでしょう。笠間焼、益子《ましこ》焼、京・清水焼、萩《はぎ》焼、唐津焼、薩摩焼など。なかでも、日本六古窯《にほんろっこよう》である、越前焼、瀬戸焼、常滑《とこなめ》焼、信楽《しがらき》焼、丹波焼、備前《びぜん》焼の酒器の魅力は格別です。

全国の地域指定伝統的工芸品を楽しめるのも、日本酒ならではでしょう。

最近は、ワイングラスを使うことも増えてきました。

１７５６年創業の老舗グラスメーカーであるリーデル（ＲＩＥＤＥＬ）社は、２０００年に日本酒用のグラスとして「大吟醸グラス」を発売しました。日本酒の蔵元12社との共同開発で、何度ものテイスティングとワークショップを重ね開発されたものです。

続いて「純米グラス」の開発に乗り出すにあたり行われた最初の意見交換の場に酒類販売者の代表とともに私も呼ばれました。

驚くことに10代目当主のゲオルグ・ヨーゼフ・リーデル氏が来日した折でもあり、氏とともにテイスティングができたことはラッキーでした。

当日は、リーデル・ジャパン本社内の試飲ルームで、形やサイズがまったく違う数十種類ものグラスに同じ純米酒を注ぎ香味を確認。そして、純米酒ならではのうま味、ふくよかさ、クリーミーさ、余韻の長さを十分に体感できるのは、やや口が開いた細長すぎない形状であることを確信しました。一緒に参加した酒類販売者とも同意見でした。

その後も、試飲会、全国の蔵元とのワークショップや、数回にわたるプロの検証などが行われた結果、２０１８年発売となった「純米グラス」は、やはり、私がよいと感じたやや口が開いた細長すぎない形状でした。

4 熟成タイプ

美しい黄金色や琥珀色を楽しめるように透明のグラスがおすすめです。ブランデーグラス、シェリーグラス、リキュールグラス、ウイスキーグラスなどはどれも素敵です。透明度の高いクリスタルやカットが入っているものは、輝きが増してより魅惑的です。

ロックグラスでオンザロックもいいでしょう。できれば、透明度の高い溶けにくい氷を使っていただくのがよりおすすめです。お酒の色と氷の色、さらにはグラスの透明度が何重にも重なり、芸術品となります。

また、白が際立つ白磁は熟成色を美しく見せてくれ、厳かな雰囲気になります。

チューリップ型やバルーン型で口がすぼまっているものは熟成した芳醇さを楽しむことができますが、香りが強すぎると感じるときは、口径がやや広がったタイプにしていただくと適度な熟成香で無理なく楽しめます。

一方で、向かない酒器は、茶色や黒色などの酒器。せっかくの美しい色合いが映えません。また厚手の焼きものも熟成酒の複雑かつエレガントな熟成香味を感じにくくしてしまいます。

熟成タイプは、日本酒というより洋酒という感覚でとらえていただくほうが、より楽しめるかもしれません。

ワインは、形状はいろいろあるものの、基本的には透明のグラスで楽しみますが、日本酒は形状だけでなく、ガラス、クリスタル、陶器、磁器、木、竹、金属、塗りものなど、器の素材のバリエーションを替えて楽しむこともできます。

同じお酒でも、器が違うと味わいも変わります。日本酒の奥深さを感じられます。

酒器あれこれ

近年ますます酒器が多様化しています。

酒器について、もう少しお伝えいたしましょう。

「にごり酒」に合わせる酒器は難しい

にごり酒には、多かれ少なかれ酒粕が混じっています。酒粕が混じるお酒を透明なグラスで飲むと酒粕がこびりついてしまい、汚れているように見えてしまいます。

お客さまに提供するときは、透明な酒器ではなく磁器などを使用したり、どうしてもグラスを使用したい場合には簡単に説明するなどの配慮をしたいものです。

「もっきり」

升や皿にグラスを載せ、わざとグラスからあふれるほど注ぐお酒の提供スタイルを「もっきり」といいます。

居酒屋などで見かけたことがある方も多いでしょう。グラスからあふれさせることで、「おまけしていますよ」という意味にもなり、飲み手としてはうれしいサービスに感じます。

しかし、その一方で、グラスからあふれたお酒で濡れたグラスを持つことになるので手が汚れますし、グラスから滴《した》たる雫でテーブルや食器、服を濡らしてしまうことがあります。また、升からお酒をグラスに注ぐときにこぼしてしまったり、またはそのまま升から飲みたいときにうまく口に運べずこぼしてしまうなど、何かと気をつかう飲み方でもあります。一度テーブルに置いたグラスを、まだお酒が残っている升や皿に戻すのは、衛生的にも気になるところ。

最近は衛生面に配慮して、木製ではなく、洗いやすい素材の升を使用したり、おしぼりを多めに用意しておいてくれるお店も出てきています。

「もっきり」文化は、日本酒ならではの妙味ですし、外国の方の接待でも喜んでいただくことができます。気持ちよく飲んでいただけるような気づかいのあるお店を選んで楽しみたいですね。

冷燗問わず、おすすめ素材は「錫《すず》」

日本酒愛好家の中で好まれている酒器素材があります。「錫」です。

温度をキープできるのも錫の魅力ですが、理由はそれだけではありません。錫には不思議な力があるからです。

錫に入れたお酒は、どこかまろやかでやわらかくなめらかに感じます。錫には、水やお酒の酸化を遅らせたり性質をやわらかくしたりする作用があるといわれています。

我が家では季節を問わずお燗を好むのですが、卓上でお燗ができる「卓上式ミニかんすけ・匠」（株式会社サンシン）を愛用しています。

2合サイズの蓋つきチロリ（日本酒を温めるときに使う酒器。金属製のコップに取っ

卓上式ミニかんすけ・匠 蓋付錫チロリ

手と注ぎ口がついている）とそれを温めるための陶器と箱がセットになったもので、箱に収まった陶器に熱湯を入れ、そこにお酒を入れたチロリを差し込むだけでおいしいお燗を卓上で楽しめる便利な道具です。

このチロリは錫でできており、これでお燗をするとなめらかな口あたりになるのです。ほかの酒器で温めるとピリピリしたりするのですが、本当に不思議です。

錫製のお猪口もおすすめです。小ぶりのものでもその不思議な効果を体感できます。マイ猪口として所持する、またはプレゼントするのもいいかもしれません。

❖美しく飲む

平成13（2001）年に福井県「（財）金津創作の森財団」主催で開催された「第1回　酒の器展（酒器とぐい呑み）」で審査員をやらせていただいたときのことです。

数ある作品の中で、ひと目見てそのインパクトにひきつけられたのが、越前塗の漆器でできた「片口」と「ぐい呑み」のセットでした。

しっとりとした艶のあるなめらかな漆《うるし》の生地。片口の底には螺鈿《らでん》で描かれた若鮎が2尾。螺鈿とは虹色に輝く貝殻の内側のみを使った装飾技法です。美しくきらめく若鮎の片口に本物のお酒を注ぐと、お酒の粘性のせいかその2尾の若鮎はゆらゆらと体を揺らし、川面を泳ぐように見えるのです。審査員の目は釘づけになりました。

作品名は「酔香《すいか》の時間」。新鮮な鮎はスイカの匂いがするといわれることから「スイカ」と「酔いの香り」をかけたところも憎いセンスです。

結局この作品は、全国から出品された他の554点をおさえ、みごと大賞を獲得しました。

作者が25歳の若い男性アーティスト中野知昭さんであったことも、とても印象的でした。その後はキャリアを積み、現在では人気漆作家として活躍されているようです。

漆は英語で「JAPAN」といいます。

日本古来の漆を使った格調高い魅力もぜひ、取り入れていただきたい一品です。

料理とお酒をおいしくする「四つのゴールデンルール」

日本酒は料理やおつまみがあってこそ進むものですし、料理やおつまみも日本酒があってこそおいしくなります。

昔は、塩や味噌をなめながらお酒を飲むのがツウなどといわれていたこともありますが、最近は、料理とともに日本酒を楽しむ風潮になってきました。何も食べずに飲むよりも間違いなく健康的です。

お酒と料理をおいしくいただく組み合わせには、4つの「ゴールデンルール」があります。

これらを意識することで、よりおいしくお酒をいただくことができます。

❁ 1 ハーモニー（同調／相乗効果）

お酒と料理に、同じような「香り」「味わい」「後味」「余韻」「食感」があれば、相乗効果や同調があり、味覚生理的に誰もがおいしいと感じます。

実は、おいしいと感じるほとんどの理由がこれにあたります。ソムリエ試験や唎酒師試験では、これを基準に講習や試験が行われています。

日本酒でいえば、**香りの高いタイプ**には、白身魚の薄造りにゆずぽん酢醤油が甘酸っぱさの相乗効果でおいしく感じます。モッツァレラチーズとトマトとバジルのサラダ「カプレーゼ」もぴったりです。また、アップルパイやバナナタルトなどのフルーツスイーツにもよく合います。フルーティーさの相乗効果です。

軽快でなめらかタイプには、ほうれん草のおひたしや冷や奴があっさり同士で無理なく同調します。

コクのあるタイプは、お米のうま味がたっぷりなので、鰤《ぶり》大根や肉じゃがなど、うま味たっぷりの料理が合います。乳製品のようなコクとクリーミーさのある生酛造りの純米酒ならば、サーモンのグラタンやカルボナーラとも素敵な相乗効果を生み出します。

熟成タイプには、スパイシーさの同調で、麻婆豆腐や山椒たっぷりのウナギのかば焼きも感動のおいしい組み合わせになります。さらに、濃醇で香ばしい甘さを持つ熟成酒には、ドライフルーツやガトー・オ・ショコラ、モンブラン、栗ようかんやどら焼きなど和洋のスイーツがみごとな相乗効果を体験させてくれます。

少し乱暴ではありますが、甘い料理には甘いお酒、酸っぱい料理には酸味のあるお酒、軽くてさっぱりした料理には軽やかなお酒、濃厚で重い料理には濃醇で重いお酒が同調すると覚えておくといいでしょう。

2 マリアージュ（第三の味わい）

ワインと料理の組み合わせを説明するときによく使われるのが「マリアージュ(Mariage)」というフランス語です。意味は「結婚」。ワインと料理の組み合わせをこんな言葉で表現するなんて、フランスは本当におしゃれです。ちなみに、イタリア語でワインと料理の組み合わせのことを「アッビナメント(Abbinamento)」という、「組み合わせ」

の意味を持つ言葉で表現します。

マリアージュは、お酒と料理がまったく異なる「香り」「味わい」「後味」「余韻」であるにもかかわらず、口内で一緒になることによって、別の味わいが生まれる状態を指します。他人同士が結婚し、新たな家庭ができ、子どもが生まれる、第三の新たなものが生まれることからのたとえです。

フォワグラのテリーヌにソーテルヌ（フランス、ボルドー産の貴腐ワインで、はちみつのように甘美な天然極甘口の希少ワイン）、または、フランス産のロックフォールやイギリス産のスティルトンなどの青カビチーズにポートワイン（ポルトガルの酒精強化ワインで、濃厚な甘さがある。赤が多い）はその代表例です。

お酒ではありませんが、凝縮した味わいの生ハムにジャムのように甘くなった完熟メロンを組み合わせる「生ハムメロン」も、まさに第三の味わいです。

濃厚で甘い熟成酒に、ピリリと刺激のある青カビチーズやねっとりと凝縮した豆腐の味噌漬けなどを合わせるのは、まさにこのマリアージュ的楽しみかもしれません。

また、日本酒には甘味、うま味の成分がたっぷり含まれていることから、塩辛いものが合います。

ちなみに、甘味や酸味やうま味成分が含まれない焼酎は、甘い味わいと相性がいいです。

甘くトロリとした九州産のお醤油で食べるお造りは芋焼酎や麦焼酎がすこぶる合いますし、鹿児島本場のかなり甘い味つけのとんこつ（豚の角煮）やつけ揚げ（さつまあげ）は、薩摩芋焼酎と最高においしい組み合わせです。

お料理と共にいただくことで、より一層、お酒の楽しみ方が深まります。

ここまでの二つのルールは、ワインの世界の概念です。日本酒をあてはめることももちろんできますが、日本人の食文化にはなかった概念であることに変わりありません。日本では、日本酒とお酒についてどう考えてきたのか、続いて見ていきましょう。

3 料理がおいしくなる

お酒はお料理の邪魔をしない存在。お酒は、料理を引き立て、おいしくするもの、そして、料理のクセや後味を洗い流すものと長年考えられてきました。ゆえに、お酒は淡麗ですっきり辛口、水のごとしがよいとされてきたのです。和食店やお寿司屋さんが、「うちはお料理の邪魔をしないお酒をお出ししております」とおっしゃるのも、そのためです。

現在でこそ、香味の違うさまざまな銘柄を置いているお店はめずらしくありませんが、少し前までは「わが店はこの銘柄一本でやっております」と、メニューに「日本酒」「お燗」

「冷酒」としか書いていないお店も少なくなかったのです。

また、料理を食べた後にゴクリと飲むことで、口やのどを潤し、すっきりとさせてくれ、脂やにおいを消し去り、次の料理のひと口をさらにおいしく感じさせてくれる。これもお酒の役割でした。まさに、料理をおいしくする存在だったのです。

4 お酒がおいしくなる

塩味やうま味の強い凝縮した味わいのおつまみ、肴、珍味類などを少量味わい、お酒を飲むと、お酒のおいしさがぐっと引き立ちます。これが4つ目のルールです。

酔うことが目的ともいえるでしょう。ゆえに、お酒と組み合わせるのは決してお腹がふくれる料理ではありません。

塩辛、沖漬け、酒盗、塩雲丹、へしこ、たたみいわし、するめ、ホタルイカ丸干し、おしんこ、お造り全般、枝豆、さきイカ、ナッツ、あられ、ポテトチップなど。お酒をおいしくしてくれる「アテ」との組み合わせになります。

ゴールデンルールに即して、おつまみ、お料理とお酒の組み合わせを選んでいくと、よりおいしく楽しくいただけます。ぜひ、トライしてみてください。

地酒には地域の文化が色濃く反映している

日本全国には、さまざまな個性を持ったたくさんの地酒がありますが、地酒の特徴を決める要因は大きく3つあると考えられます。

1 水

お酒の80パーセントは「水」です。昔から「名水あるところに銘酒あり」といわれるとおり、水の味がお酒の味を決めるのです。

水はその性質から大きく、ミネラル分の少ない「軟水」とミネラル分の多い「硬水」に分けられます。

軟水仕込みのお酒は軽い味わいになり、硬水仕込みのお酒は重い味わいになります。

水が持つミネラルは発酵の助けになるので、ミネラル分が多い水を使うとしっかりと発酵し、骨格のある味わいに仕上がります。一方、ミネラル分の少ない水を使うときは、お酒を醸すのに技術がいると昔はいわれていたようです（今はさまざまな技術により、軟水仕込みの素晴らしいお酒がたくさんあります）。

軟水の地域としては、新潟、静岡、広島、高知、京都伏見などが知られ、この地の地酒はなめらかでやわらかく軽快です。

硬水の地域としては、関東、青森、鳥取、島根、神戸灘（宮水）などが知られ、この地の地酒はしっかりとコクがあり骨太に仕上がります（例外も多数あります）。

2 気候風土

お酒を造るときの環境、とくに気温は、お酒の味わいに大きく影響します。江戸時代に普及した「寒仕込み」も冷涼な環境で酒造りを行うことによって、クリアで雑味のない味わいになることから全国に広まりました。

一方、温暖な気候の地域では、雑菌が繁殖しやすいことから、相当な技術が必要でした。そんな影響から九州や沖縄は日本酒ではなく焼酎造りが発達したのです。

最近は、さまざまな技術の進歩により、温暖な地域でも日本酒が造られるようになりました。温暖だからこそ生まれるコクのある濃醇な味わいは、魅力の一つです。

おおむね、寒冷な北海道、東北など北の地方、標高が高い山岳部、北陸など雪国の地酒は淡麗であり、温暖な四国、九州、沖縄、標高の低いところや沿岸部の地酒は濃醇となります。

❖ 3 郷土料理

私は、長年その土地で食べつがれてきた食、いわば郷土料理が、その土地で好まれるお酒の味わいに自然と影響を与えてきたと考えています。なぜならば、郷土料理を味わいながら地酒も味わう、その暮らしが文化となるからです。

実際、さまざまな地方で自慢の郷土料理を味わい、その土地のお酒をいただく中で、なるほどこの料理だからお酒もこの味なのかということを何度も実感してきました。

軽い味わいの料理が多い地域は軽快なお酒が多いです。

新潟、静岡、宮城などは、目の前の海から常に新鮮な魚介がとれ、フレッシュな味を楽しめます。高知は、薬味やゆずポン酢のきいたこれまた新鮮なカツオ料理が名物です。これらの地域のお酒はとても淡麗で、すっきりとした軽快な味わいです。獲れたての魚介ともバランスがとれ、盃も箸もぐいぐい進みます。

反対に、濃い味わいの料理が多い地域は濃醇なお酒が多いです。

岐阜、滋賀、長野など山岳部は、昔から醤油や味噌、砂糖、塩を多用した濃い料理、いわば保存食文化です。東京は古くから醤油文化で濃厚。瀬戸内や九州は醤油が甘く、料理も甘めで濃いめです。これらには、線の細いスマートなお酒ではなく、しっかりとコクとうま味を兼ね添えた濃醇なお酒でなくては負けてしまいます。

長い歴史の中で、その土地の料理の味わいに合うように造られ、また、育ってきたからこそ、地酒は飲まれ続けているのでしょう。四つのゴールデンルールの「ハーモニー」の考え方が反映されています。

日本酒はワインのように産地による違いが反映されにくいお酒でもあります。それは、「技術の酒」だからです。米の品種や仕込み水以外にも、精米すること、米を蒸すこと、麹や酵母が影響すること、発酵の方法、濾過などの方法を組み合わせることで、自在にタイプを造り変えることができるからです。

そういった技術を味わうことも、土地の個性を味わうことも両方できるこれからの新日本酒時代。楽しみ方はますます広がっていくと思うとなんだかワクワクしませんか。

Mini column 05

日本酒は数あるお酒の中で、もっともデリケートな性質を持っています。

そのため、おいしく楽しむためには、管理に少しばかり気をつかう必要があります。とくに、温度と光に対しては細心の注意を払うべきです。

保存状態が悪いと、香りにも味にも影響が出てしまいます。

その昔、日本酒が臭いといわれ、あまり好む人がいなかったのも、保存状態がよくなかったという理由もあったでしょう。

さて、日本酒の正しい保存・管理は、以下のとおりです。ぜひ、参考にしてください。

1　できるだけ低温冷蔵庫に入れる
2　加熱殺菌していない生酒や発泡性清酒は低温管理（要冷蔵）が必須
3　温度変化をできるだけ少なくする
4　振動を避ける
5　光から遮断されていること､明かりは最低限にする（白熱級が理想的）
6　瓶を横に寝かせない＆湿度も特に必要ない
7　開封後は低温管理を徹底し、できるだけ早く飲み切る
8　空気に長い時間触れさせない
9　購入先できちんと保存管理されていたかも重要（購入するときに必ず確認を）
１０　酒器などの衛生管理も忘れずに

そして、「勉強を重ねると、日本酒は工程が複雑ですが、それが実はたいへんに贅沢なことと感じました。それに、日本酒には季節感があることにも感動します。こうしたことをお客さまにお伝えすることが、私たちの女将の使命です」と力強く、しかし華やかな雰囲気でおっしゃいます。

「**い**つでもどんな問いかけにも答えられる女将でありたい」

と目標を持ち、ご自身が勉強を重ねているだけでなく旅館で働く従業員たちにも、お客さまに尋ねられた際にしっかり対応できるように指導するなど、お酒と食のサービス向上に取り組んでおられます。

女将
女将たちが自分たちで造っている純米吟醸酒
あわらに来ないと手に入らないプレミアム

日本酒には、美しい色、ふくみ香、のどごし、余韻とさまざまな鑑賞ポイントがあること、そしてなによりお食事とのマリアージュの素晴らしさを女将自ら体感したことから、それをなんとしてもお客さまにお伝えしたいと感じるようになったそうです。

あわら温泉女将の会では、メンバー自らが酒造米の田植えから稲刈り、収穫したお米でお酒造りまでチャレンジしました（女将の酒プロジェクト）。その名も「女将」。甘口、辛口があり、評判は上々。各旅館ではリピーターが続出、お土産としても大人気だそうです。現地でしか手に入らないオ

コラム 蔵元7

あわら温泉女将の会

名称	あわら温泉女将の会
所在地	〒910-4105 福井県あわら市舟津第48号19番地-1 芦原温泉旅館協同組合
TEL	0776-77-2040
発足	平成16年7月（2004年）
ウェブサイト	https://www.awara-onsen.org/wakakusa/
代表のお酒	女将

福井県を代表するあわら温泉は、開湯以来１３７年の歴史を誇り、関西の奥座敷として国内はもとより、近年は海外からもたくさんの観光客が訪れる人気の温泉地です。

あわら温泉のある福井は故郷であることから私情もあり、あわら温泉の女将さんたちとは、特別な勉強会を重ねてきました。結果、女将の会に属する13名全員が「日本酒唎酒師」を取得しました。全国どこの温泉地を見ても、女将の全員が「唎酒師」という場所はないでしょう。資格取得後も日々研鑽を重ね、福井のお酒と食の魅力をとても上手に発信されています。

女将の会のリーダーをつとめるのは、グランディア芳泉の山口由紀女将です。

「日本で生まれ、日本で育ったので、國酒を誇りに思っています。とはいえ、旅館の女将として、地元のお酒の魅力を紹介できずにいることはありえないと奮起し、勉強しました」と振り返ります。

リジナルのお酒は、まさに旅の醍醐味ですよね。
福井といえば越前がにが有名ですが、あわら温泉の女将たちは、他の地域のカニとどう違うのか、どのお酒がカニと合うのか、など、しっかり教えてくれます。

読者の皆さま、ぜひあわら温泉にお越しください。きっと、福井の地酒の魅力と季節感あふれる料理とのおいしい組み合わせを存分に楽しませてくれるはずです。

あわら温泉女将の会会長　山口由紀氏
(株式会社グランディア芳泉　女将)

第6章

できる人と思われる日本酒のマナー&ルール

日本酒を楽しむうえでかかせないのが事前準備

接待や会食で日本酒を楽しむには、基本的なマナーやルール、そして、お店選びから、注文の仕方、飲む順番などのコツを覚えておくことが必要です。そうすることで、より一層、一緒に行くお相手にも楽しんでいただけるようになります。

本章では、知っておくと接待や会食の際に役立つことを、ポイントごとにお伝えしていきます。

1　お店選び

日本酒を楽しみたい人と食事をするにあたって大切なのは、お酒選びの前にお店選びです。お互いが気持ちよく過ごせるかどうかで、味も大きく変わるからです。

まずは店周辺の雰囲気、店がまえ、エントランス、店内の雰囲気、カウンターかテーブルか個室か、椅子席なのか靴を脱ぐお座敷なのか、はたまた掘り炬燵《ごたつ》なのか、環境の確認を行います。

次に好みのお酒があるか、好みの食材やアレルギーなどがある場合は対応してもらえるかを確認します。

なお、お店によってはお酒の持ち込みが可能なところもあります。お相手に味わってほしいお酒がそのお店になかった場合は、持ち込み対応をしてもらえるかどうかも確認しておきましょう。ただし、すべてを持ち込みでまかなうのは遠慮したいところ。あくまでも、お酒を提供するお店です。1〜2本持ち込みするなら2種類程度はお店の銘柄を注文するなど心がけたいものです。

大事な接待の場合は、事前に一度訪ねて、実際に食事をしてサービスを受けておくといいでしょう。

前もって訪ねる予算がないときには、お店に出向くだけでもかまいません。周辺を確認したり、お店のたたずまいを見たりすることができます。もしかしたらお話だけでもできるかもしれません。いいお店なら対応してくれます。

もちろん、電話やメールでもお店について知ることは可能ですが、実際に出向くことでわかる情報には及びません。

2 料理選び

日本酒と一緒に楽しむお料理は、前もって決めておくことをおすすめします。

メインの料理を一皿しっかり楽しむフレンチやイタリアンと違い、たくさんの品数を少量ずつ食べるのが和食の基本です。それを一から選ぶのはお客様にとっても負担ですし、その都度、お酒や会話が止まってしまいます。

コースでなくてもかまいませんが、大枠でお店の方と話し合って決めておき、ご希望があれば追加するなどしましょう。

カウンター割烹などカジュアルなお店の場合は、好みにあったお料理をあれこれ注文するのも楽しいものですが、やはりホスト側がある程度取りまとめて、料理を選ぶほうがいいでしょう。

せっかく日本酒を楽しむわけですから、日本酒選びに労力を注げるようにするのです。


そしてもう一つ、大切なことがあります。

それは、約束の時間より、少々早めに入店することです。お客さまより遅れるのはもってのほかです。先に入店して、予約内容、段取りの確認をしておけば、認識のズレなどがあった場合にすぐ対応でき、万全な状態でお客様をお迎えすることができます。

気持ちよい状態でいただく日本酒は格別です。早めの入店は、そのための場づくりでもあるのです。

Mini column 06

早めにお店に入っておくことと、日本酒のおいしさは関係ないのではないか、と思う人もいるかもしれません。

そこで恥ずかしながら、早めの入店がよい理由を、私の体験をもってお伝えします。

以前、ソムリエの先輩である田崎真也さんの還暦お祝いを、田崎さんがオーナーをされていた会社で同僚だった女性２名と私の３名でお祝いしようと小さな食事会を企画したときの話です。

お世話になっているお礼を兼ねてのお祝いの席ですから、もちろん田崎さんはご招待です。

食事会当日、仕事でギリギリの到着になることが予想された私は、前もって同僚に「絶対に遅れないように」とお願いし、私も仕事が終わるなり猛ダッシュでお店に向かいました。

ところが、その途中、同僚から、「２人が到着する前に、田崎さんがすでにお店にいらして、なんと支払いまですませてしまった」とのメールが来たのです。

約束の時間ぎりぎりに転げ込むようにして入店した私を、うなだれる女性２名と微笑む田崎さんが、シャンパンのグラスとともに迎えてくれたのでした。

元従業員の女性陣に支払わせるわけにはいかないと思われてのご厚意だったのでしょうが、私たちは反省の想いと申し訳なさでいっぱいで、お酒の味もしませんでした。

これが大事な商談中の取引先だったら取り返しがつかないことになりかねません。入店は早めに！

飲む順番を意識することでお酒はより一層おいしくなる

好きなお酒を好きなように楽しんでいただくのもいいのですが、お酒を飲む順番を意識することで、より一層おいしく、楽しく飲むことができます。これは、日本酒に限らず、またアルコールやノンアルコールに限らず、すべての飲みものに通じるものなので、ぜひ覚えておいてください。

基本は次の３つです。

- **軽いものから重いものへ**
- **華やかなものから落ち着いたものへ**
- **アルコール度数の低いものから高いものへ**

食事の初めはどうしてものどが渇いていることが多いので、重い味わいのものより、軽くすっきりとした、のど越しのいい飲みもののほうがおいしく感じられます。

食事が進むと、料理のバランスに合わせて、だんだんと濃い味わいの飲みものがおいしく感じられるようになります。（軽快なお酒で口中をすっきりさせたくなることもありますので、絶対とは言い切れませんが）。

また、あまり食べていない状態のほうが、華やかでフルーティーな味わいのものをおいしく感じます。ただ、華やかな味わいのものはそんなにたくさんは飲めないものです。つまり、飽きてしまうのです。華やかさを楽しんだ後には、香りも味わいも個性的すぎない、落ち着きのある、料理を引き立てる味わいの飲みものが向きます。

また、お腹がすいているときは吸収が早いため、アルコール度の高いお酒を飲むと、酔いの回りが早くなってしまいます。最初はアルコール度が低めのお酒からいただくといいでしょう。胃の中に食べものがある状態になると吸収も遅くなるため、アルコール度の高いものでもおいしく感じられます。

あまりお酒は飲めないという方も、軽いものから重いものという点だけでも意識するとおいしさの感じ方は変わります。

ここからは、おいしく飲める順番を料理の流れとともに具体的にお話しします。

❖食前酒

まずは「のどの渇きを潤すもの」です。

何も食べていない状態ですから、アルコール度が高すぎず、さっぱりとしてさわやかなものがいいでしょう。発砲性のある飲みものは食欲増進にもつながるのでおすすめです。ビールやシャンパーニュなどのスパークリングワイン、ハイボールなどが、乾杯の際に選ばれるのもそのためです。

日本酒ならば、スパークリング清酒、吟醸系などのソーダ割りやオン・ザ・ロックがいいでしょう。

意識したいのが、「とりあえずビール!」です。

「先付け」「お通し」「突き出し」や会席料理の最初に出てくる軽い前菜などは、魚介の珍味などが多く、ビールよりも日本酒に合うものが結構あります。

席についたら、まずはメニューを見てみましょう。

⦿食前酒におすすめの日本酒

奥の松　純米大吟醸　プレミアムスパークリング

海琳党《かいりんどう》　Oh Splash（オースプラッシュ）

香住鶴　山廃　純米　発泡にごり酒　金魚
天山　スパークリング　ドサージュ・ゼロ
微発泡うすにごり　純米生酒　綾
花垣　純米　微発泡にごり生原酒　shushushu
瓶内二次発酵酒　あわ　八海山
月山　スパークリング　クラウド
白龍　DORAGON　KISS
貴　純米本生　スパークリング

❖食事が始まったら

続いて、「華やかな香りがあるもの」「フルーティーなもの」をいただきます。最初は、お造りなど繊細で素材の味が活きた料理が出てくるので、バランスを合わせるのです。食前酒でのどの渇きがおさまっているため、華やかな香味をゆっくり楽しむことができます。

大吟醸酒、吟醸酒、純米大吟醸酒、純米吟醸酒などの「吟醸系」がおすすめですが、生酒、生詰酒、生貯蔵酒なども新鮮さと軽快さがぴったりですし、搾り立て、新酒も合います。

実は、食前酒のあとのこのタイミングは、日本酒の出番として、とても重要です。お米のお酒なのに果物の香りがあり、爽快でなめらかで、それでいて品格があるお米のうま味を感じることができる、いわば日本酒製造の最高技術を堪能できるタイミングだからです。

濃い味わいの料理のときや、酔っぱらってしまったあとだと、舌の感覚が鈍くなってきているので、この日本酒ならではの繊細さや奥深さを堪能しにくくなってしまうのです。

極めて精米歩合の低いお米を使っていたり、新しく開発された酵母で醸されていたりなど、最高技術が投入された価値あるお酒、さらには価格的に張る希少価値の高いお酒も、酔う前のこのタイミングがいいでしょう。

最高峰の日本酒で、世界中の人々の「心を満たし、人生を彩る」ことをブランドパーパス（存在意義）として掲げている「SAKE HUNDRED」や「ドン ペリニヨン」を率いたリシャール・ジョフロワ氏による日本酒「ＩＷＡ ５」、７パーセントまで精米した世界最高級の日本酒「NIIZAWA KIZASHI」などは話のネタとしてもおすすめです。

⦿食前酒の次に飲むものとしておすすめの日本酒

獺祭　純米大吟醸　磨き二割三分

十四代　本丸　秘伝　玉返し
新政　No.6　ナンバーシックス
作《ざく》　大吟醸　雫取り　大智《だいち》
玉乃光　純米大吟醸 備前雄町 有機肥料使用雄町 100%
醸し人九平次　山田錦　EAU DU DESIR
惣花　超特選　純米大吟醸　日本盛
仙禽《せんきん》　オーガニック　ナチュール
貴　純米大吟醸　ブラック40
龍力　純米大吟醸　秋津

◈ 食事の中盤

食事が中盤に差しかかったら、「香りも味わいも個性的すぎない、落ち着きのある料理を引き立てるもの」をいただきます。

料理も話もはずむクセ。その味わいを邪魔しないお酒が向きます。穏やかで軽く、癖のない純米吟醸酒、特別純米酒、軽めの純米酒など、飲みやすいものがいいでしょう。特別本醸造酒、本醸造酒も向きます。

また、お燗をおすすめするのもいいでしょう。

特別本醸造酒、本醸造酒や普通酒はお燗にも向きます。


日本酒をいただくときは、酔い防止の水「和《やわ》らぎ水」も忘れずに注文してください。和らぎ水とは、日本酒における「チェイサー」です。

日本酒は、割らないお酒としては幾分アルコール度数が高く、酔いが回りやすいので、それを補うために、水を一緒に飲むことで日本酒をさらにおいしく、身体への負担を減らしながら楽しむことができるのです。日本酒のあてには塩分の強いものも多いので、のどの渇きも癒せます。

水道水よりも、ミネラルウォーターが向きますし、酒蔵の仕込み水がよりいいでしょう。酒造の仕込み水は雑味が少なく清らかで、そのおいしさは格別です。わざわざ蔵から取り寄せたとなれば、特別感も満載です。

⦿食事の中盤におすすめの日本酒
純米吟醸　浦霞　禅
特別本醸造　八海山

笹の川　福島一辛口　いち
白馬錦《はくばにしき》　純米酒
月山　芳醇辛口　純米
常山《じょうざん》　特別純米　とびっきり辛口
白龍　純米

⊙熱めのお燗におすすめの日本酒
司牡丹　超辛口純米　船中八策
菊正宗　上撰　生酛　本醸造
初孫　魔斬り
キンシ政宗　本醸造　金閣
天寿　純米酒
一ノ蔵　**無鑑査本醸造**　辛口
銀嶺月山　本醸造

◇ 食事の後半

食事がメインに入ったら、「濃厚で、コクのあるもの」をいただきます。「純米酒」「特別純米酒」「生酛造り」「山廃造り」など、もっとも日本酒らしいタイプがおすすめです。

料理もこのあたりから濃い味わいや脂もの、焼きもの、煮もの、揚げものなどが出てきます。それに合わせて、お酒もうま味やコクのあるものでバランスをとりましょう。

食前酒以降、同じ銘柄を飲み続ける人も多いかもしれませんが、ここでお酒を代えるのが「ツウだ」と思われるコツでもあります。

また、このあたりでぬる燗の出番となります。

お料理も温かいものになるので、あわせてお酒の温度も変えるのです。そうすることで、気分も変わりますし、身体にもやさしいです。

濃厚な味わいの煮ものや焼きものには、「熟成酒など個性的なもの」もよく合います。豚の角煮やステーキなどの肉料理、ウナギの蒲焼、花山椒を使った本格的な麻婆豆腐やお酒好きの人が好む、カラスミ、たたみいわし、イワシの丸干し、イカの丸焼きなど、うま味を凝縮させた「アテ」ともすこぶるいい相性です。

⦿食事の後半におすすめの日本酒

花垣　生酛　純米

龍勢　夜の帝王　純米

大七　クラシック　生酛　純米

南部美人　ALL KOJI

千代むすび　純米生酛強力《ごうりき》60

⦿ぬる燗におすすめの日本酒

香住鶴　生酛　純米

深山菊　秘蔵　特別純米

大七　生酛純米

福千歳　圓　山廃純米

天山　特別純米　純天山

独楽蔵　燗純米

賀茂鶴　純米酒　広島錦

奥出雲　仁田米　純米酒

⊙食事の後半におすすめの熟成酒

白龍　純米大吟醸長期氷温熟成

達磨正宗　三年古酒

独楽蔵《こまぐら》　悠五年　純米古酒

熟露枯《うろこ》　山廃純米原酒

❖食後

和食では、食事の最後、いわゆる「〆（シメ）」に、ごはんや麺類などをいただきます。この時点で、お酒を中断するか、終了することが多いです。

食事会の終了の目安にもなりますので、悪くない習慣ではありますが、「〆」のあとの最後に一杯、食後酒を楽しむのもいいものです。

フレンチやイタリアンなどでは、デザートとして食後酒を楽しみます。それと同じです。日本酒にも食後に向くものがあります。

「熟成した個性的なもの」の中でもとくに長期熟成したタイプは、クリーム・シェリーやポートワインのような味わいがあり、グラスに一杯だけでも満足感があります。価格もお手頃なものがありますから、試さない手はありません。また、あんこやチョコレートなどデザート類との相性は素敵です。

また、「甘いお酒」も食後酒向きです。

「貴醸酒」を冷やしていただくのもおしゃれです。水のかわりにお酒を使って贅沢に醸造する「貴醸酒」は、琥珀色で、香りもメープルシロップや黒蜜のように甘く、とても甘美で芳醇ですが、後味はすっきりと嫌味がないため、カステラやあんこなど和風のデザートやバニラアイスやカスタードクリーム、チョコレートとも素晴らしく素敵な組み合わせです。

さらに、日本酒としてはあまりないのですが、「アルコール度の高いもの」も向いています。

たとえば、蒸留酒に梅を漬け込んだアルコール度の高い梅酒などがおすすめです。

通常、梅酒といえばオン・ザ・ロックやソーダ割りで食前に飲むイメージがありますが、ストレートにすることで食後酒としても楽しめます。

⊙食後におすすめの熟成酒・貴醸酒

達磨正宗　十年古酒

熟露枯《うろこ》　大吟醸ヴィンテージボトル10年

笹の川　秘蔵純米　二十五年古酒
梵　天使のめざめ
龍力 長期熟成酒 J-SALIQ ジェイ・サリック
一ノ蔵 Madena までな
華鳩《はなはと》　貴醸酒　8年古酒

◉食後におすすめの梅酒・リキュール
エコファームみかた　BENICHU19　樽熟成梅酒
大七　梅酒　生酛純米
南部美人　糖類無添加　梅酒
弥久《やく》　極まろ三年梅酒
飛騨高山　ゆず兵衛
司牡丹　柚子の大バカ十八年

こんなに飲まなくてはいけないのか、と驚いたかもしれませんが、もちろんすべてを飲む必要はありません。

ご紹介した順番を参考に、ゲストのアルコールの強さや飲み方のペースに合わせて調整しましょう。

最優先すべきはゲストの好み

忘れてならないのはゲストの好みです。

ホストとしては、ゲストのために、料理もお酒も万全に用意しておこうとするかもしれません。ですが、それではホストのオンステージになってしまいます。

日本酒は個性豊かな銘柄がたくさんあります。ゲスト自身にメニューを見て、選ぶ楽しさを味わってもらいましょう。

ゲストのさまざまな好みに対応できるように、たとえば巻頭で紹介した4タイプを数種用意してもらうとか、もともとそういったわかりやすく幅広い品揃えをしているお店を選ぶと安心です。

ただし、オリジナリティあふれる品揃えをしていたり、きめ細かく相談に乗ってくれたり、好みに応じたサービスを提供してくれたりするお店はまだまだ少ないのが現状です。

種類が多くても、よく見ると「純米大吟醸」ばかり置いていたり、「生原酒」ばかり置いていたりする店もあるので、接待の際は、気にしてみてください（ゲストが「純米大吟醸」や「生原酒」が好きな場合は問題ありませんが）。

こうしたことからも、事前準備が大切なのです。

日本酒メニューの見方

日本酒の品揃えが多くても、わかりやすい説明をしてくれるプロがいなかったり、混雑していたりなど、お店のスタッフに相談にのってもらえないときは、メニューを見て選ぶことになります。

とはいえ、これが結構難しいのです。というのも、表記が統一されていないからです。たいていのお店は「銘柄名」「特定名称」「産地」「金額」が記載されています。お店によっては「銘柄名」と「メーカー名」と「特定名称」がごっちゃになっていることもありますし、「銘柄名」だけで他は何も書いていないこともあります。「無濾過生原酒」「なかどり」「生酛純米」「ひやおろし」「おりがらみ」「雄町」などという専門用語満載のメニューもあります。日本酒に詳しくなければどんな香りなのか、どんな味わいなのか皆目見当がつきません。

銘柄名	特定名称	産地	金額
白馬錦《はくばにしき》	純米大吟醸	（長野）	600円
奥出雲	仁田米《にったまい》 純米酒	（島根）	700円
月山《がっさん》	純米大吟醸	（山形）	700円
賀茂泉	大吟醸 特製ゴールド	（広島）	750円
木村式奇跡のお酒	純米大吟醸	（岡山）	800円
キンシ政宗	純米酒 BONITA	（京都）	850円
天寿	純米大吟醸 花酵母	（秋田）	900円

また、「日本酒」「地酒」「冷酒」「お燗酒」としか書かれていないこともありますし、お酒のメニューがない店さえ存在します。「うちの銘柄はこれ一本」という昔ながらの店に多いようです。これぞ、わが店の銘柄として、本当においしく飲ませてくれる名店もあります。お店の方と話してみるといいでしょう。

冷酒、お燗の注文にはコツがある

日本酒はいろいろな温度で楽しめる世界でもめずらしいお酒です。それを堪能しないのはもったいないことです。ゲストにも楽しんでいただきましょう。

お店で冷酒やお燗を上手に注文するには、ちょっとしたコツがあります。

冷酒はそれほど難しくありません。なぜなら、お酒は冷蔵庫に入っていることが多く、それがそのまま提供されるからです。「冷酒で」とお伝えすれば、冷たい状態で出てきます。

ただし、冷たすぎると米由来のうま味を感じにくくなります。冷酒より常温やお燗が向くお酒、たとえば、純米酒や生酛、山廃系のコクのあるタイプなども冷たく出されてしまうことがありますので、そのときは、少し時間をおいて、温度が上がるのとともに米のうま味を楽しむようにしてみてください。

また、冷蔵されていることがわかっていたら、早めに徳利や片口に入れてもらい卓上に置き、温度が上がったところで味わう、注ぎ合うなどの気遣いもお酒の接待には気が利いて見えるはずです。

Mini column 07

お酒の量り方は、一合、一升、一斗といいます。

最近は、ミリリットル等の単位で示すことも増えてきてはいますが、まだたいていのお店で「一合」「二合」といった頼み方が主流です。

お酒の分量を示す、一合、一升、一斗は、尺貫法《しゃっかんほう》における体積の基準単位で、お米も同じ量り方です。それぞれ、分量は以下の通りとなります。

・一合……180ミリリットル
・一升……1800ミリリットル（1.8リットル）
・一斗……１万8000ミリリットル（18リットル）

お酒の容器としてよく使われる一升瓶は一升(1.8リットル）入る瓶という意味です。

この「升」という単位は、平安時代以前から使われていたそうです（容量は時代と共に変化しています)。

一合、二合という注文が基本ではありますが、最近では半合（90ミリリットル）や60ミリリットル、お店によっては30ミリリットルなど、少量注文に対応してくれることもあります。少量でたくさんの種類を飲み比べするのも楽しいものですよね。

大人数なら一升瓶の注文もいいでしょう。

一升瓶がドンとテーブルに置かれているさまはなかなかに豪快です。機会があれば、ぜひお試しください。

一方、お燗はちょっとコツがいります。

お店でのお燗のつくり方は、おおむね2タイプに分かれます。

注文の都度、湯煎でお燗にするところと、お酒のボトルをセットしボタンを押すとそのままお燗になって出てくる酒燗器《さけかんき》を使うところです。

湯煎でお燗をつくってくれるお店は、だんだん少なくなっていますが、ていねいに温度調整されたお燗は心も温まるので、おいしいものです。昔はお店の中でお燗をつける専用のスタッフを「お燗番」といい、絶妙な温度のお燗酒を提供してくれました。

20年来の付き合いになる今 悟さんは、都内でお燗のおいしい日本酒の店「善知鳥《うとう》」を経営しています。今さん自らがお酒のタイプに合わせ、何度もていねいに確認しつつ、最高にいい状態のお燗を出してくれるため、日本酒、とくにお燗ファンに支持される名店です。

時には、ちょっと熱めにして、それを片口に移し替える技を披露してくれます。通常のお燗よりも空気に触れているせいか、どこかふわりとやさしく、深い味わいに感じます。今さんはそれをワインのデキャンタージュになぞらえ「お燗タージュ」と呼んでいます。

湯煎のお店の場合は、まずはお店の技を堪能するためにそのまま「お燗で」と注文します。好みであれば2本目もそのままで。または、少し熱めにとか少しぬるめになどの希望を伝えるのもいいでしょう。プロの技で絶妙な温度で提供してくれるはずです。

また、お店によっては、お燗としてメニューに載っている銘柄以外をお燗にしてくれることもありますし、通常はお燗にしない「吟醸系」や「生系」もお燗にしてくれることがあります。プロの技でこそ楽しめる「吟醸系」「生系」のお燗を、ぜひ体験してみてください。

酒燗器でお燗をつくるお店が多いのは、時間短縮、アルバイトでも使えるためです。しかし、ボトルをセットするシステム上、決まった銘柄しか提供されません。また、温度も一定に設定されているので好みに合わせることが難しいです。「ぬる燗ください」とお願いしても「熱燗しかありません」といわれてしまうこともしばしばです。

大切な会食の際は、むしろ避けるというのも一つです。どうしてもという場合は、一度注文して、好みの温度かどうかを確認してください。機械だと熱めになることが多いので、そのときには同じ銘柄の常温を一本別に注文し、卓上でブレンドするのもありでしょう。

さらに、電子レンジで温めるお店もあります。

レンジだと不安かもしれませんが、上手に温めてくれるお店もあるので、レンジだからおいしくないということではありません。

ただし、レンジで温めると上下で温度差が出てしまうため、2回に分けて温めるのがおすすめです。

レンジでお燗をつくるお店の場合は、一度注文して温度ムラがないかどうかを確認し、もし温度ムラがある場合は、「もう一度温めてください」とお願いしてみるのもいいでしょう。少々手間ですが、おいしいお燗になるはずです。

お店を予約するときは、お燗の対応ができるかどうか、また、どのようにお燗をつくるか、確認しておくと安心です。

知っておきたいお酒の注ぎ方

日本酒には、「お酌」や「差しつ差されつ」の文化があります。注いだり注がれたりすることで親密度が増し、コミュニケーションがはかれる、それが日本酒のよさでもあります。

お酒の注ぎ方にはいくつかのマナーがあります。昔からの言い伝えや風習も交えて紹介しましょう。


お酒を注ぐ酒器は、「徳利《とっくり》」といいます。口がすぼまり注ぎ口がついている形状が多く、昔はお醤油やお酢にも使われていました。大きさはいろいろありますが、よく見かけるのは一合、二合サイズが多いです。

ちなみに「御銚子《おちょうし》」と呼ぶ人もいますが、御銚子は本来「柄」がついている形状の酒器を指します。平安時代から、宮廷の宴席やあらたまった席で使われてきました。時代とともに形や使われ方が簡素化するにつれ、明治時代以降、「徳利」と混同されるようになりました。

また、注ぎ口がついた酒器「片口」も人気です。大きさや形状、素材はさまざまで、おしゃれ感もあります。片口の良さは、空気に触れる面積が多く緩やかに酸化することで、お酒がまろやかに感じる点です。

徳利は、両手でもってていねいにゆっくりと注ぎます。

受ける方は、必ず盃を両手で持ちます。テーブルに置いたままの盃に注ぐのは「置き注ぎ」といいマナー違反とされます。盃は小さく注ぎにくいので、できるだけ徳利に寄せて受けましょう。注ぎ手への心遣いです。男性は片手で受けてもかまいませんが、やはり両手で持つほうがていねいです。

なお、手の平が上にくる「逆手注ぎ」は昔からNGとされています。その昔、切腹する際、介錯の刃を濡らすときの持ち方と同じだからとか、罪人に水を飲ませる持ち方だから、遊女の注ぎ方だからなど、さまざまないわれがあります。

また、徳利の注ぎ口には絞ってある部分がありますが、注ぐ際はここを上に向けた状態にするのが正しいとする考え方もあります。絞ったほうを上にすると、「宝珠《ほうじゅ》」の形になり相手にきれいに見えること、絞った部分は「円の切れ目」となるため、「縁の切れ目」という意味になってしまうこと。戦国時代に武将を暗殺するため徳利の注ぎ口に毒を塗ることがあったからなどさまざまな理由があります。

この方法で注ぐと「逆さまですよ」と言われたりしますが、それを切り口に話が広がるはずです。

日本酒の盃は小ぶりなものが多いです。

これは、お燗で飲むことの多かった頃の名残りで、常に適温を楽しめるようにという理由からです。最近は、冷酒で飲むことが増えていますが、常に冷たい状態で飲むためにも、やはり小ぶり盃のほうが理にかなっています。

ですが、小ぶりの盃だとこまめに注がないといけませんし、常にそればかりを気にしていてはお互いに疲れます。

最初の2~3杯を差しつ差されつした後は、「お互い手酌で」と声をかけあって、それぞれが自分のペースで飲むようにしてはどうでしょう。お酌をするばかりが気づかいではありません。

注ぎ方のコツ

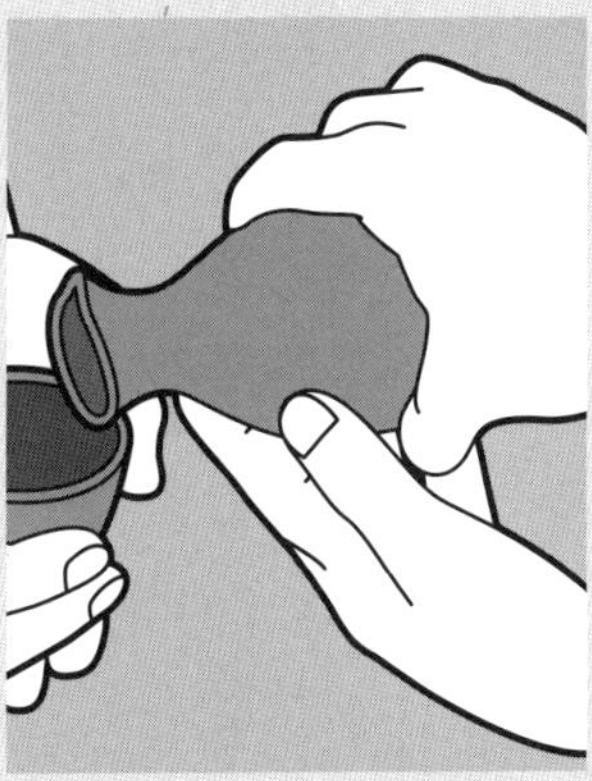

右手でしっかりと持ち、左手は注ぎ口の近くに添える。
徳利が盃に触れないように静かに注ぐ。
注ぎ終わりは徳利の口先を手前に軽く回してお酒が垂れないようにする。

受け方のコツ

盃は机に置いたままにせず、必ず手に持つ。
右手に杯を持ち、左手を盃の下に添える。

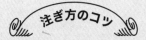

お互い気持ちよく飲むことが、なにより大切だからです。

ボトルからお酒を注ぐこともあるでしょう。そのときは、ラベルを上側にして注いでください。

ラベルはお酒の顔です。デザインも、それぞれ思い入れを持ってつくられていますし、そのお酒に関する情報も記されています。

顔である、大切なラベルを汚すのはマナー違反です。ラベルを下側にしてお酒を注ぐと、口から滴り落ちたお酒でラベルが汚れる可能性もあります。小さなことですが、気配りしたいものです。

ボトルには両手を添えて注ぎましょう。

お酒やお茶の注ぎ方に「ソビバビソビ」という言葉があります。

漢字では、「鼠尾馬尾鼠尾」と書きます。

字のごとく、最初はネズミの尾のように細く繊細に、中盤は馬の尾のように太く勢いよく、そして最後はまたネズミの尾のように細くという意味です。これを意識すると、上手に注ぐことができます。

逆手注ぎ

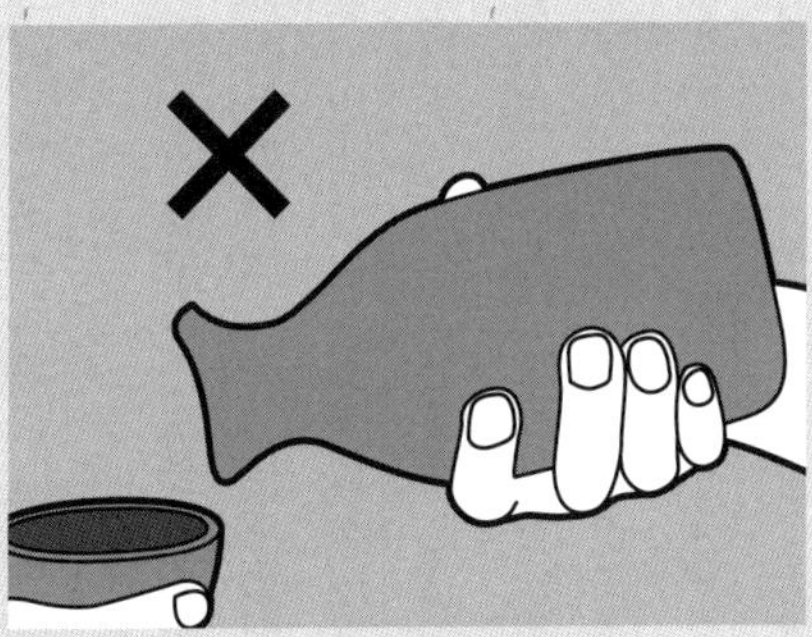

手の平を上にして注がない。

徳利の口の向き

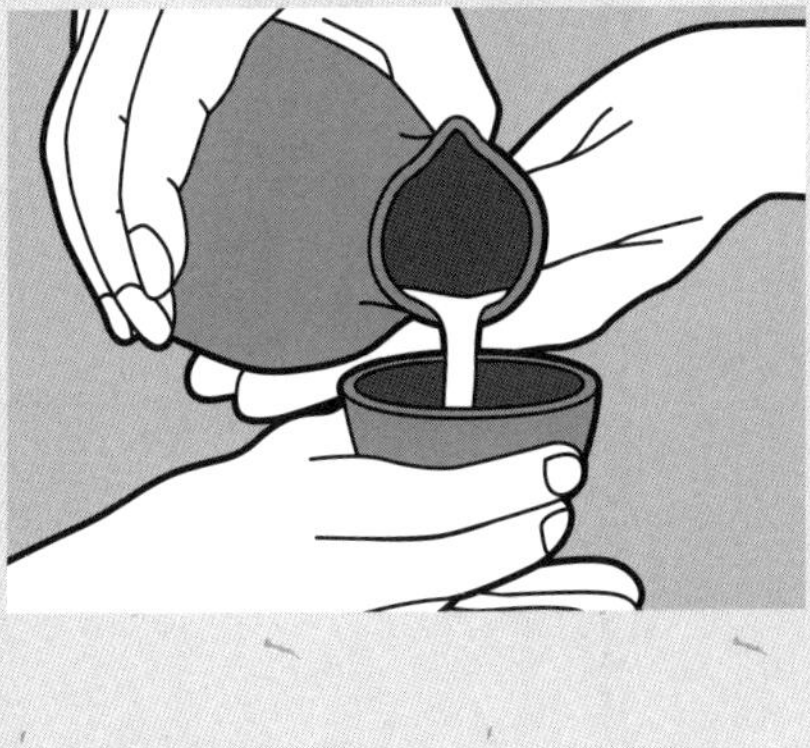

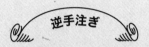

ビール、ワイン、ジュースにも、「ソビバビソビ」は使えます。

ぜひ、試してみてください。

酒販店でのお酒の買い方・選び方

家で飲んだり、プレゼントに使ったり、ホームパーティーで多くの人と楽しんだりするために、百貨店や町の酒販店、日本酒専門店などでお酒を買うこともあるでしょう。

売り場には、知識のある専門スタッフがいますので、相談することで、新たな銘柄との出会いが生まれることがありますし、希望に叶うお酒を購入することができます。

望みどおりの商品を提案してもらえるのかどうかは、購入する側の説明次第です。

説明のポイントは、次の4つです。お店に向かう際には、頭の中で描いてから行くといいでしょう。

1「購入の目的」

自分や家族が家で飲むためのものか、贈りものなのか、持ち寄りの会食などイベントで使用するものなのかをお伝えします。

最近は、オンライン飲み会で飲むためにという人も増えています。何のために日本酒を買うのか、何を食べながら飲むのか、その目的によって味や金額が変わりますのでイメージしておきましょう。

2「どんな味わいが希望か」

味わいを伝えるのは、慣れないと難しいかもしれません。

よく使いがちな「辛口」も、辛さの規定があるわけではないので、ラベルに「辛口」とあっても好みの辛口具合なのかどうかはわかりませんし、販売者が辛口と思っていても、購入者にとっては辛口に感じないことがよくあるのです。

同じくよく使いがちな「飲みやすい」も注意が必要です。「飲みやすい」というと、クセがなくすっきりとしたお酒をイメージしますが、これも人それぞれです。

どのような味わいを希望するかは、「華やかでフルーティーなタイプ」「軽快でクセのないなめらかなタイプ」「米のうま味のあるコクあるタイプ」「熟成した個性派のタイプ」といった表現がやはり役に立つでしょう。

うまく表現できない場合は、専門スタッフに前に飲んで好みだった銘柄を伝えてみるのもいいでしょう。プロは、それを参考に新たな銘柄を提案してくれるはずです。

また、何を食べながら飲むのかはもっとも考えたいところです。ごく普通の家庭料理なのか、レストランへの持ち込みなのか、バーベキューかデリバリーピザか、釣りたて新鮮なお魚か、家族で囲む鍋料理かなど料理はお酒を決める大きなファクターです。決まっているならばぜひ専門スタッフへ伝えてみましょう。

3「いつ、どこで、誰が飲むのか」

日本酒には、春夏秋冬、それぞれの四季にあった銘柄があります。

また、飲む時間も大切です。明るいときにおいしいお酒もあれば、深い夜においしいお酒もあります。さらに「今晩」「週末」「次の連休」「まとめて買って年末に」など、購入のタイミングもあるでしょう。

季節、時間、いつ飲むのか、これは重要な要素です。それぞれに向いた銘柄があります。「家で」なのか「外で」なのか。「コンビニつまみと一緒に、テレビを見ながらひとりで」なのか、「来週、持ち寄り飲み会あり、店はイタリアンでワイワイと」なのか。「お世話になった日本酒通の上司にお歳暮を差し上げる」「父の日に父とともに」「敬老の日に家族で」「クリスマスにレストランで、恋人と二人で、お酒は持ち込み」などもわかればぜひ伝えましょう。

いつ、どんなタイミングで、どのような場所で、誰が（誰と）飲むのかは意識してください。お酒に弱い人が一緒の飲み会ならアルコール低めにするなどの気配りもぜひ。

4「予算」

これがもっとも重要です。

日本酒の価格はワインやウイスキーなどと比べるとお手頃な価格のものが多いとはいえ、価格の幅は当然あります。

なので、必要な量、つまり「サイズ」「本数」を、どれくらいの予算で用意したいかの情報はかかせません。

「四合瓶、720ミリリットルを一本、2000円以内で」「一升瓶1800ミリリットル一本、3000円台を贈りものとして」「四合瓶6種類を銘柄違いの詰め合わせで、配送、合計1万円ほどで」「720ミリリットル、桐箱入り、お祝い用に包装、二本2万円で」など、このくらいの情報があればご希望に沿うものを購入できます。

ちなみに、ワイン選びでは、次の「5W1Hの法則」がよく使われます。

When／いつ
Who／誰が
Why／何のために
Where／どこで
What／どんなタイプを飲むのか
How Much／いくらなのか

先ほどお話した四つの説明ポイントもこの法則に基づいています。購入のときに、参考にしていただくと、わかりやすいかもしれません。

そして、もう一つ大切なことがあります。

それは、よいスタッフのいるお店を選ぶことです。望みどおりの商品を選んでもらえるだけでなく、優れたスタッフのいるお店は日本酒の保存管理も行き届いています。

優れたスタッフは、有名なお店だけにいるわけではありません。近所の小さいお店に、隠れた名手がいることもあります。

見分け方のポイントは、ＰＯＰなど、それぞれの銘柄についてわかりやすい説明が提示されているかどうか、ボトルが汚れていないか、ほこりをかぶっていないかなどです。

至極、基本的なことではありますが、大事なポイントです。

最近は、ネットでお酒を購入するという人もいるでしょう。

近くのお店では取り扱いがなく、ネットでなくては買うことができない銘柄もあるので、ネットの活用もおすすめです。ただし、あやしいサイトや、販売価格が法外につりあがっているところもあるので、どこのサイトで買うかはきちんと見極めることが必要です。

まず、蔵元が運営する自社サイト。これは間違いありません。または、蔵元ホームページから直接飛んでいる販売プラットフォームも安心でしょう。

これらがない場合は、蔵元に確認し紹介してもらいます。メールのやり取りで対応してくれるところが多いです。蔵元の自信作は、特約店に認定された酒販店でしか取り扱わないものもありますので、情報は蔵元からもらうのが必須といってもいいでしょう。

酒販店が運営しているサイトを利用することもあるかもしれません。そのときは、お酒の説明がきめ細やかなところを選びましょう。販売店の店員さんなどが自らテイスティングした感想や蔵を訪問したリポートなどが載っているサイトはおすすめです。

お酒を販売しているサイトは数多くありますが、中には、特約店から購入したものをネットで転売していたり、取り扱いになれていない人が管理しているために品質劣化した状態のものを販売しているところもあります。

ネットは、直接手に取って品物の確認ができませんし、管理状況がわかりません。確実に信頼できるところで買いましょう。

ここでまったく別のおすすめの買い方も紹介しておきましょう。

見た目だけで買う、いわゆる「ジャケ買い」です。このとき、先ほどお伝えした四つのポイントや5W1Hの法則は無視です。

最近は、日本酒らしからぬ、アーティスティックで、ポップで、個性あふれるラベルやスタイリングの日本酒が増えてきました。あえて特定名称や特徴を表記していないラベルも出てきています。日本酒は比較的手頃な価格なので、ときにはこんな冒険も楽しんでみてはいかがでしょうか。

好みのラベルや、面白い試みのお酒を見つけてお試しすることで、新しい味わいと出会えますし、面白ラベル日本酒の持ち寄りパーティーもかなり楽しいです。みんなで、どんな味か想像しながら飲み、実際に好みの香味なら盛り上がりますし、好みの香味ではなかったとしても、それはそれで楽しさや思い出が残ります。

多種多様な日本酒がどんどん出てきている現在だからこそ、楽しむことができる新たな日本酒の買い方、楽しみ方です。

日本酒をプレゼントするのも「オッ」

日本酒に限らず、お酒をプレゼントするのはとても難しいものです。

プロとしてお客さまにご提案している私も、贈りものとしてお酒を選ぶ際は、とても悩み、迷います。

どんなに贈る相手を思い、時間と費用を費やしたにもかかわらず、まったく好みでない、的外れなお酒、むしろ嫌いなお酒を贈ってしまうかもしれない怖さがあるからです。

お酒をプレゼントするタイミングとしては、ただ単に贈るだけではなく、持参して一緒に楽しめる時がよりよいでしょう。封を開けて、一緒に飲むことで、相手の反応をじかに見ることができますし、その反応に応じて、温度を変えたり、氷を入れたり、ソーダで割ったり、酒器を変えてみたりと対応できます。一緒に飲むことで飲み方まで提案できます。

ただ漠然と贈るよりも、今まで以上に付き合いが深まるのではないでしょうか。

一緒に飲むのが難しく、贈るだけという場合は、そのお酒に対しての思い入れをひと言添えてお渡ししましょう。思いを知ることで、よりおいしく感じていただけるはずです。

海外へのお土産とする場合、これは確実に、お酒のストーリー、飲み方（温度や酒器）、料理などの情報を一緒に持って行くべきです。皆さんが海外の未知のお酒をもらったときを想像してみてください。あまりにも情報がないと、いつ、どうやって飲んでいいのか見当がつきません。

お相手が日本酒通の方でない場合は、さまざまな情報とともに日本酒を体験してもらって、ぜひ、ご自身が日本酒大使となってください。

＊＊＊

さて、駆け足で見てきた教養として身につけたい日本酒のあれこれですが、いかがでしたでしょうか。

日本酒をより楽しむために知っておいていただきたいことを、トレンドを交えてお話してきましたが、まだまだ日本酒の世界は奥深いです。

物足りないと思われた方もいらっしゃるかもしれません。そんな時は、日本酒の知識をまとめた本や資格試験のテキストなどをご覧いただくとよいでしょう。本書をお読みいただいた後ですから、きっとよりよく理解できるはずです。

時には、私とすれ違うこともあるかもしれません。その時はぜひとも、お声がけください。日本酒で乾杯し、語り合いましょう。

コラム 蔵元8

特別対談

合資会社加藤吉平商店　十一代目当主　加藤団秀氏 × 著者　友田晶子

名称	合資会社加藤吉平商店
所在地	〒916-0001 福井県鯖江市吉江町一の十一
創業	万延元年（1860年）
TEL	0778・51・1507（代）
代表のお酒	梵・超吟

海外での日本酒人気は日に日に高まっており、いくもの銘柄が海外での展開を積極的に取り組むようになってきました。

「梵／BORN」ブランドは、その動きを牽引している一つです。

福井の鯖江に拠点を置きつつ、世界100カ国以上で商標を登録し、販売も行っています。

これからますます世界での活躍が期待される「梵／BORN」ブランドの蔵元である合資会社

加藤吉平商店 十一代目当主 加藤団秀氏と、対談させていただきました。

＊＊＊

友田晶子（以下、友田）　「梵」は、プレミアムＳＡＫＥとして世界100カ国以上に輸出されており、世界でもっとも飲まれている日本酒ブランドの一つです。世界に誇れる銘柄が、わがふるさと福井県にあるというのはほんとうにうれしいことです。
福井は、「御食国《みけつくに》」（朝廷に食材を献上できる国）の名のとおり、大昔から、海、山、川、湖の食材に恵まれていましたが、素材の良さのみならず、それらをもとに豊かな食文化を生み出し、発展させてきました。福井の地酒が人気なのも、そういった背景があるからだと思います。

加藤団秀氏（以下、加藤）　織田信長の時代に茶道がリーダーの教養であったように、日本酒を知っているということは現代の教養人の最高のたしなみといえると思います。さまざまな経営者会議や交流会に出席しますが、たとえば純米吟醸と純米酒の違いなどをご存知の方は、教養のある方だと感じますね。また、世界各国を巡る中で、確実に、世界のリーダーたちにも日本酒の正しい知識は世界的な教養であるという感覚が広まっていることを感じています。

友田 世界の最前線で、自ら日本酒販売を行い、日本酒市場を目の当たりにしている加藤さんだからこそ、その言葉には説得力がありますね。

加藤 「梵」は、福井県鯖江市の酒蔵です。もともとは両替商から始まり、酒造業に移行してきました。酒蔵として、そんなに古い蔵ではありませんが、酒造創業160年の中で、昭和天皇御大典の儀の地方選酒となったことを始まりに、国賓の歓迎晩餐会やさまざまな国際イベントの乾杯酒として使っていただける栄誉をいただくことができました。

友田 早くから品評会への出品を行っておりましたね。国内外の世界的な酒類品評会で受賞した最高賞受賞のメダルやトロフィー、表彰状が、蔵の迎賓館でもありテイスティングルームでもある町屋ギャラリーの一角にところ狭しと並べられているのを拝見いたしました。

加藤吉平商店 十一代目当主
加藤 団秀氏

最高賞受賞が非常に多いこと、だからこそ世界が欲するブランドとなったこと、それらの理由はひとえに最高品質であり安定感があることにつきると思います。すべてが契約栽培の厳選原料、自社精米、きめ細やかな醸造、そして手間も場所も時間も必要となる数年間にわたる氷温熟成、これらから生み出される、クリアで、緻密で、濃醇な味わいに飲む人は魅了されるのでしょうね。私は、北京のホテルの和食店で「梵・夢は正夢（純米大吟醸）」が15万円、「梵・超吟」はニューヨークのレストランで20万円と値づけされているのを見ても驚きませんでした。

海外だけでなく、地元活性のお仕事も多いとうかがっていますが。

加藤 日本酒の原点でもある、お米を作ってくれる地元の方たちへ感謝し、期待にこたえたいという思いから、さまざまな地域活動を行っています。一つには、蔵周辺の整備です。蔵のある鯖江市吉江町は近松門左衛門の生まれ故郷（注・諸説あります）。お酒とともに観光の目玉にすべく、近松時代の雰囲気を今に残そうと築１８０年前の町屋を大改修したりしています。

梵ぎゃらりー

友田　さまざまな提案をし、観光の発展に先頭に立って尽力されていますね。

加藤　日本酒や農業とは関係ないですが、鯖江市は「体操のまち」でもあり、若い世界的な選手たちの育成にも力をいれています。また、酒蔵には、農家や地域住民の方のための災害用備蓄もしています。

友田　広い敷地のある蔵元さまだからできることですね。今おすすめいただいたお酒は、今年、長年かかって福井県が開発した新しい酒米「さかほまれ」を使った新商品ですね。

加藤　生まれたての酒米をつかった酒造りも率先して参加しています。読者の皆さまへお伝えしたいことは、日本産の日本酒は、すべて日本国内のお米で製造されているということです。当蔵は純米造りのみなので、お米１００パーセントで造られています。日本酒を知ることは農業を知ること、ひいては地方を知ることになります。残念ながら、日本酒の国内消費が長年にわたって少しずつ落ち込んで来た現状は、酒と密接な地元の神事や祭事が少なくなった、つまり地方文化の衰退が大きいと思います。

友田 だからこそ、加藤さんは地元の方たちとの交流や地域おこしに力を入れるのですね。

加藤 20年以上前、海外では、日本酒は「ライスワイン」といわれていました。わかりやすい言葉ですが、正直あまり納得ができませんでした。今はSAKEと呼ばれる時代になり、日本人の主食であるお米を使った日本の伝統的な飲みものだとやっと認識され始めたんですよ。そして、日本酒の魅力は、おもてなしの場などに込められた相手を尊敬する酒席の作法などにあらわれますし、言葉の壁をなくし、良好な関係を築くツールにもなることです。海外だけでなく、日本人同士でも、この魅力を今一度実感したいものですね。

友田 日本酒をより楽しむためのとっておきの技を教えてください。

加藤　簡単なことですよ。身体が欲したときに飲むことです。自分の身体が100パーセント、いや130パーセント欲している状態にしてからお酒に向かうのです。空腹の状態で飲むことほどうまいものはありません。すきっ腹で飲む最初の一杯は、次の日も忘れませんよ。

友田　ユニークなおすすめですね。お酒に強い方には実感できることかもしれませんね。

加藤　通常のお酒では強すぎるという方にはスパークリング酒もあります。福井にいらしたら、まずは、福井の酒器にスパークリングを注ぎ、最初の一杯として飲んでいただきたいですね。

友田　加藤さん、本当におすすめ上手ですね。

加藤　最近では焼酎造りも行っております。商品のバラエティがどんどん広がっています。

友田　はい、梵の焼酎もとてもおいしいです。ワインがブランデーになるように、日本酒が焼酎になるのはとても自然に思えますし、プレミアムＳＡＫＥの蒸留酒は、ロマネ・コンティのマール（ブドウの搾りかすから造られる蒸留酒）のように愛好家の心をくすぐり、感動を生みますからね。といいますと、日本酒以外のお酒造りにもご興味がおありということですか？

加藤　今、日本酒だけでも世界からさまざまなリクエストがきており、日本酒製造の量的には正直限界に近づいています。これからは量産することではなく、オンリーワンの、より究極の日本酒造りに注力したいと思っています。そのなかで、焼酎に続き、クラフトジンの製造も開始していて、この後、ウィスキー、ウオツカ製造を予定しています。日本酒蔵のみならず、「総合酒造メーカー」になるのかもしれません。

友田　なるほど、「梵」の今後から目が離せませんね。

「梵町屋ギャラリー」前にて
加藤社長と著者

おわりに

日本酒の未来

現在、日本酒は、平安時代（最初の技術革新）、江戸時代（全国的に安定した酒造り）、明治時代（新しい技術の開発）、令和時代（世界へ輸出）と、第4回目の変革を迎えていると考えられます。

日本酒は、まさに、日本人の在り方の歴史と共にあったと言えるでしょう。

そんな日本酒の未来は、はたしてどうなっていくのでしょうか。

まず間違いのない近未来は、日本以外でも日本酒、つまりＳＡＫＥが造られるということです。

Japanese Sake のほか、Chinese Sake、French Sake、Sake made from California、Sake Of New Zealand などがぞくぞく登場してくるはずです。

日本人が出会ったことのないＳＡＫＥが出てくることだってあるはずです。

飲み手としては、さまざまなＳＡＫＥが生まれてくるのは大歓迎ですし、実に楽しいことに思えます。

しかし、いわゆる王道の日本酒の存在感も保ちたいと思うのです。

「さすがボルドーの五大シャトーは違う」

「ロマネ・コンティは超絶格別だ」

「シャンパーニュはほかのスパークリングとは一線を画す」

「ミュンヘンのビールはうまい」

「スコッチにかなうものなし」といわれるのと同じように、です。

「さすが本家の日本酒は違う」と世界に認められるのは、造り手の頑張りだけではなく、飲み手である私たち、そして国家レベルでの日本酒一大PR大作戦が不可欠だと確信しています。

もう一つは、より自然志向になっていくことが考えられます。

たとえばワインは、今「自然派」へ大きくシフトしています。

ブドウづくりという農業とワイン造りが直結しているうえに、ブドウがそのままダイレクトにお酒になるため、農薬や化学肥料、除草剤の影響が心配され、新たな基準とシステムが構築されています。

オーガニック、ビオロジック、ビオディナミを認定する機関として、ユーロリーフ（Euro

leaf）ロゴで認証しているEU連合、エコセール（ECOCERT）、AB（Agriculture Biologique）、ビオディヴァン（Biodyvin）、デメテール（Demeter）、ラ・ルネサンス　デアペラシオン（La renaissance des appellations）があり、徐々に消費者にもわかりやすいシステムになってきています。

日本酒は、ワインよりも製造時に人為的な作業が入るので、農薬がそのまま味わいに直結するイメージは少ないかもしれませんが、同じような動きが出ています。

無農薬、無化学肥料、除草剤無使用の米から造る日本酒や、自然農法による酒米を自社で造る農業酒蔵が増えてきています。

実際、2019年には、農業と醸造と消費者をつなげていくことを目的に、「農！と言える酒蔵の会」が発足しています。全国12の酒蔵が会員です。同会の会員でもある丸本酒造は1987年からお酒の醸造と一緒に米造りを行っています。代表取締役の丸本仁一郎氏は「何よりも米の味わいを活かした酒造りをしていきたい」と熱く語ります。

また、有機の米で醸すお酒の味わいは、そうでない米で醸すお酒とどのように違うのかと聞けば、「杜氏によれば、無農薬のほうがよく発酵する」「またそのおかげで、しっかりと骨格がありながら、全体に柔らかい味わいになる」と教えてくれます。

この説明を聞けば、誰もが飲みたくなること間違いありません。

自然への回帰、昔の農業へ、昔の酒造りへの回帰は、日本酒業界全体に広がりつつあります。

さらにもうひとつ。料理と日本酒のおいしい組み合わせ、いわゆる「ペアリング」はますます深堀されると思います。なぜなら、私たちはワインと料理のおいしい組み合わせを知ってしまったからです。今や総一億「ペアリング好き」ともいえます。日本酒は、ただ、酔うためにあるという時代は終わりました。料理があれば日本酒の魅力がより立体的になり、日本酒があれば料理が幾重にもおいしさを重ねます。その魅力を知ってしまったのです。これ、素敵なことです。

連日満席の日本酒レストラン、麻布十番「赤星とくまがい」は、ニューヨーク仕込みのセンスで、厳選日本酒とそれぞれに合う料理を、素晴らしい説明とともにペアリングとして提供してくれます。驚きの組み合わせに皆、感動しますし、日本酒の可能性に驚きます。また、老舗和菓子メーカーや手造り和菓子工房が、日本酒とのコラボを行い、精力的にPRしています。羊羹にはコクのある日本酒がことのほか合いますし、彩鮮《いろどり》やかな練り切りのような生菓子もそれぞれの季節の日本酒に素晴らしくマッチします。昔の酒豪は甘いものなど見向きもしないといわれていたのがウソのようです。

また、チーズと日本酒の相性の良さは、ますます知られるところです。実家がピザレストランであることからチーズは子どもの頃から親しんでいたこともあり、チーズと日本酒の相性の良さは、比較的早くから勉強を始めていました。2006年に日本酒のプロとチーズのプロの方々とともに相性検証を行っています。おもしろい結果は、オールアバウトのサイトでご紹介していますので、よかったらご覧ください。

これからは、和食のみならず、世界各国の料理やチーズ、和菓子のみならず洋菓子や果物などとの新しいペアリングを楽しむ機会が間違いなく増えるでしょう。

お酒のコンサルタントとしては、どういうペアリングがいいのか、またそれを誰にでも納得できる定義として構築したいと考えています。皆さんも一緒に取り組みませんか。ワインと料理にルールがあるように、日本酒と料理にも誰もが楽しめるルールが必要です。

これからは、日本酒の飲み手も日本酒文化の担い手になります。私たち飲む人たちが日本酒を育てていくともいえるのです。

本書を手にしてくださっている皆さんも、間違いなく日本酒文化の担い手のお一人です。全国の蔵元さん、酒販店さん、飲食店さん、業界の方々はいつでも手を差し伸べています。もちろん私も。

この本でより日本酒に興味を持っていただいたならば、ぜひ、今度は一献かたむけ、日本酒のお話をいたしましょう。その日が来ることを祈りつつ終わりといたします。
最後に、コラムでご協力いただきました皆さま、資料を御提供くださった皆さまにも深く御礼を申し上げます。

友田晶子

◎本文作成にあたり、ご協力いただきました企業・団体のみなさま

（社名・団体名五十音順）

旭酒造株式会社　https://www.asahishuzo.ne.jp/
新政酒造株式会社　http://www.aramasa.jp/
あわら温泉女将の会　https://www.awara-onsen.org/wakakusa/
株式会社一ノ蔵　https://ichinokura.co.jp/
合資会社加藤吉平商店　http://www.born.co.jp/
菊正宗酒造株式会社　https://www.kikumasamune.co.jp/
黒龍酒造株式会社　http://www.kokuryu.co.jp
株式会社サンシン　http://www.kk-sanshin.com/
株式会社車多酒造　http://www.tengumai.co.jp/
合資会社白木恒助商店　https://www.daruma-masamune.co.jp/
末廣酒造株式会社　https://www.sake-suehiro.jp/
全国農業協同組合連合会 宮城県本部　JA 全農みやぎ
http://www.mg.zennoh.or.jp/
大七酒造株式会社　https://www.daishichi.com/
司牡丹酒造株式会社　http://www.tsukasabotan.co.jp/
株式会社豊島屋本店　https://www.toshimaya.co.jp/
日本酒サービス研究会・酒匠研究会連合会（SSI）　https://ssi-w.com/
日本酒造組合中央会　https://www.japansake.or.jp/
一般社団法人日本のSAKEとWINEを愛する女性の会（通称：SAKE 女の会）
https://omotenashi-sakejo.com/
株式会社南部酒造場　https://www.hanagaki.co.jp
株式会社杜の蔵　http://www.morinokura.co.jp/

◎参考文献・サイト等

「酒のしおり（令和２年３月）」 国税庁課税部酒税課
『唎酒師　新訂 日本酒の基』日本酒サービス研究会・酒匠研究会連合会（SSI）
NPO 法人 FBO（料飲専門家団体連合会）発行
なるほど！ 全農　https://apron-web.jp/naruhodo/

付録

日本酒について話すとき、英語ではなんと言う？

日本酒の輸出が増え、日本へのインバウンドも増えた昨今、外国の方にも広く日本酒を楽しんでもらえる時代になりました。

ときには、外国の方を接待したり、外国にお土産として日本酒を持って行ったり、居酒屋で隣り合った外国の方に日本酒の説明をしたりなどというシーンがこれからますます増えてくるはずです。

そんなときに役立つ、日本酒に関する英語表現をご紹介します。ぜひ、参考にしてください。

・日本酒はストレスを解消し、活力を与えてくれます。

Sake is helpful in relieving stress and revitalizing the body.

・日本酒には季節のお酒があり、一年を通して楽しむことができます。

There are seasonal sake products and we can enjoy it throughout the year.

→ 281 ページにつづく

Charms of Japanese Sake
【日本酒の魅力】

・日本酒造りには高度な醸造技術と長い時間が必要とされます。

Making sake requires high level fermentation techniques and takes long time to produce.

・日本酒は幅広い温度帯で楽しむことができます。

Sake can be enjoyed over a wide range of temperature.

・日本酒は他のお酒にくらべて、体を冷やしません。

Compare to other alcohol beverages, Japanese sake has less an action to cool down your body.

・日本酒にはアミノ酸が豊富に含まれていて、美肌効果があります。

Sake is rich in amino acids, and is effective to make the skin beautiful.

・日本酒はさまざまな料理と合わせることができます。

Sake goes well with a wide range of foods.

・凝縮感のある **condensed**

◎香り…他の食材に例える例

・フルーティーな香り **fruity aroma**

例：**apple, pineapple, banana, melon, peach, kiwifruit, muscat, orange, lemon, citrus, etc.**

・フローラルな香り **floral aroma**

例：**lilac, acacia, violet, etc.**

・ハーブのような香り **herbal aroma**

例：**mint, lemongrass etc.**

・スパイシーな香り **spicy aroma**

例：**cinnamon, clove, etc.**

・米の香り **cooked rice, steamed rice, etc.**

・ミルキーな薫り **milky aroma**

例：**yogurt, dairy products, fresh cream, etc.**

・その他

例：**caramel, honey, dried fruit, almond, miso, etc.**

→ 283ページにつづく

【外観、香り、味わいの表現例】

〔外観〕Appearance

- 透明 **transparent/colorless**
- 黄味がかっている **yellowish**
- ほんのり黄味がかっている **slightly yellowish**
- 黄金色 **gold**
- 琥珀色 **amber**
- にごっている **cloudy**

例：「このお酒は、透明でやや黄味がかっています」
This sake is transparent and is slightly yellowish.

「このお酒は、やや濁りがあります」
This sake is a bit cloudy.

〔香り〕Aroma

◎香りの質…強さ、程度、印象など

- 華やかな **gorgeous**
- 穏やかな **mild**
- シンプルな **simple**
- 繊細な **delicate**
- 爽快な **refreshing**
- 複雑な **complex**
- 芳醇な **mellow**
- 深みのある **deep**

・苦味 **bitterness**
・バランスの取れた味わい **a well-balanced taste**
・ボディのある **with body**

〔後味、フィニッシュ〕 after taste/after flavor/finish

・後味の余韻が残る **long aftertaste**
・後味の切れが良い **sharp aftertaste a crisp finish**

〔伝え方〕

◎Aromatic Sake 香りの高いタイプの例

This sake is transparent. It has a gorgeous, fruity and floral aroma. Texture is soft and smooth. Flavor is light and simple.
「見た目は透明、フルーツや花を思わせる華やかな香りがあります。 やわらかくなめらかな舌触り。軽快でシンプルな味わいです」

◎Light and Smooth Sake 軽快でなめらかタイプの例

This sake has a simple but refreshing aroma. Texture is very smooth, and is easy to drink.
「このお酒は、シンプルでありながら爽快な香りがあります。舌触りはとてもなめらかで、飲みやすいお酒です」

→ 285 ページにつづく

〔口あたり、舌触り〕Texture

・やわらかな **soft**
・穏やかな、やさしい **mild**
・なめらかな **smooth**
・切れのある、シャープな **sharp**
・絹のようになめらかな **silky**
・クリーミーな **creamy**
・軽やかな **light**
・力強い **hard**
・重みのある **heavy**

〔味わい 甘い・辛い〕taste and flavor: sweet or dry

・辛口 **dry**
・やや辛口 **medium dry**
・淡麗辛口 **crisp and dry**
・甘口 **sweet**
・やや甘口 **medium sweet**
・極甘口 **very sweet**

〔味わい 味わいの質〕taste and flavor

・うま味 **umami / savory taste**
・酸味 **sour/sourness, acid/acidity**
・豊かな **rich taste**

〔飲み方について〕

・冷酒　chilled
・常温　room temperature
・燗　warmed
・ロック on the rocks

◎おすすめするときの例

This sake is good to have chilled. (Chilled is recommended.)
「こちらは、冷酒でお飲みいただくのがおすすめです」
This sake is good to have warmed. (Warmed is recommended.)
「こちらは、燗でお飲みいただくのがおすすめです」

〔料理との相性について〕

○○○と合う ： ～ **goes well with** ○○○
～ **is in harmony with** ○○○

◎おすすめするときの例

This (aromatic) sake is in harmony with herb salad.
「この香りのお酒は、ハーブのサラダと合います」

This (aged sake) goes well with hard cheeses.
「この熱燗は、ハードタイプのチーズとよく合います」

◎Rich Sake コクのあるタイプの例

This sake has a rich aroma similar to dairy products like butter or fresh cream. Texture is thick. You can enjoy rich flavor with umami.

「バターや生クリームを思わせる豊かな香りがあります。舌触りは重厚。うま味のある濃厚な味わいが楽しめます」

◎Aged Sake 熟成タイプの例

The color is amber. This has a deep and complex aroma like dried fruits, almond or caramel. Texture is heavy but creamy.

「色は琥珀色。ドライフルーツ、アーモンド、キャラメルなどを思わせる、深く複雑な香りがあります。舌触りは重みがありますが、クリーミーです」

◎おすすめするときの例

What type of Japanese sake do you like?

「どんなタイプの日本酒がお好みですか？」

This sake is aromatic. You can enjoy a fruity aroma.

「このお酒は香りが高く、フルーティーな香りが楽しめます」

著者紹介

友田晶子（ともだ・あきこ）

ソムリエ トータル飲料コンサルタント
日本酒サービス研究会・酒匠研究会連合会（SSI）理事
SSI INTERNATIONAL 国際唎酒師 副会長 兼 広報委員
一般社団法人 日本のSAKEとWINEを愛する女性の会 代表理事
1200年続く家系で、友田彌五右衛門八代目当主の長女として米どころ酒どころ福井県に生まれる。ファミリーが経営する食品貿易会社に勤務。ワイン輸入販売に携わり、フランス留学を決意。現在、業界30年以上のキャリアと女性らしい感性を活かし、酒と食に関するセミナー・イベントの企画・開催、ホテル旅館・料飲店・酒販店・輸入業者などプロ向けにコンサルティングと研修を行っている。これまでにお酒にまつわる書籍を20冊以上執筆、テレビ、雑誌等メディアでも活躍するほか、スクールで教えてきた生徒数・資格を取得させた人数は延べ12万人にも上る。また、一番弟子として田崎真也氏がオーナーのワインバー「アルファ」（銀座）代表、田崎真也ワインサロン講師なども務めた。
現在はお酒を通じて女性の教育・活用・社会進出支援に力を入れる一般社団法人日本のSAKEとWINEを愛する女性の会（通称：SAKE女の会）代表理事として活動。会員は2000名にもおよび、業界初のお酒による総合的な“おもてなし力”を問う検定【料飲おもてなし～SAKE女検定～】を実施。現役都知事をはじめ、有名人・著名人を引き寄せる“SAKE女の会の求心力”に注目が集まっている。

編集協力　小田明美
校正　鷗来堂／槇一八

ビジネスエリートが知《し》っている
教養《きょうよう》としての日本酒《にほんしゅ》

〈検印省略〉

2020年　10月　31日　第1刷発行
2024年　6月　30日　第5刷発行

著　者——友田 晶子（ともだ・あきこ）
発行者——田賀井 弘毅

発行所——株式会社あさ出版
〒171-0022 東京都豊島区南池袋2-9-9 第一池袋ホワイトビル6F
電　話　03（3983）3225（販売）
　　　　03（3983）3227（編集）
FAX　03（3983）3226
URL　http://www.asa21.com/
E-mail　info@asa21.com

印刷・製本　広研印刷（株）

note　http://note.com/asapublishing/
facebook　http://www.facebook.com/asapublishing
X　http://twitter.com/asapublishing

ISBN978-4-86667-233-5 C2034